1 はじめに

本書のタイトルにある Dirac の γ 行列とは、相対論的量子力学に出てくる Dirac 方程式で使われている γ 行列のことである。本書の狙いは、γ 行列を使って相対性理論を整理してみようというものである。本書が扱う領域は相対性理論であって量子力学ではないつもりであるが、後半では Dirac 方程式にも触れる予定である。

しかしながら、最初は基準ベクトルの話から始めることにする。基準ベクトルというのは、0 ではない何がしかの共変ベクトルのことで、これを使うと、一般座標変換に対して不変な運動方程式を作ることができる。その次に、基準ベクトルとして γ 行列を使い、Dirac 方程式へと話を進める。

2 基準ベクトルを使った運動方程式

特殊相対性理論では、質点の運動方程式は以下の式で与えられる。

$$\frac{dP^\mu}{d\tau} = F^\mu \tag{1}$$

P^μ は質点のエネルギー運動量、τ は質点の固有時、F^μ は質点に働く四元力である。この運動方程式はローレンツ変換に対しては不変であるが、一般座標変換に対しては不変ではない。なぜなら、運動量 P^μ を微分した量はテンソル変換しないからである。

一般座標変換に対して不変な運動方程式は以下の式で与えられる。

$$\frac{dP^\mu}{d\tau} = F^\mu - \frac{1}{m}\Gamma^\mu_{\rho\lambda}P^\rho P^\lambda \tag{2}$$

この式には、式 (1) には無い余分な項が付いてるが、これは慣性力を与える項である。これがあることで運動方程式の形が不変となる。

これからやろうとしていることは、式 (2) 以外で、一般座標変換に不変な運動方程式を定めようというものである。そのやり方はいたって単純で、運動方程式をスカラー量だけで構成するというものである。そのため、ある共変ベクトル θ_μ を考える。θ_μ は、慣性系で取った直交座標系（標準座標系と呼ぶことにする）では定数となるような 0 でないベクトルで、基準ベクトルと呼ぶことにする。式に現れるベクトルは、全て基準ベクトルとの内積を取るものとする。そうすると式 (1) は次のように書き表される。

$$\frac{d}{d\tau}(P^\mu \theta_\mu) = (F^\mu \theta_\mu) \tag{3}$$

この式が標準座標系で式 (1) と同じとなることは、左辺の微分を実施してみれば分かる。

$$\frac{d}{d\tau}(P^\mu \theta_\mu) = \frac{dP^\mu}{d\tau}\theta_\mu + P^\mu \frac{d\theta_\mu}{d\tau}$$

標準座標系では、第 2 項の微分は 0 なので、

$$\frac{d}{d\tau}(P^\mu \theta_\mu) = \frac{dP^\mu}{d\tau}\theta_\mu$$

したがって式 (3) は

$$\frac{dP^\mu}{d\tau}\theta_\mu = F^\mu \theta_\mu$$

これから、

$$\left(\frac{dP^\mu}{d\tau} - F^\mu\right)\theta_\mu = 0$$

θ_μ は 0 でない任意のベクトルであるので、各成分で 0 とならなければならない。ゆえに、

$$\frac{dP^\mu}{d\tau} - F^\mu = 0$$

これは式 (1) である。

次に、別の座標系 x' 系で見た場合を考えよう。x' 系の量は $'$ を付けるものとする。式 (3) の括弧の中はベクトルの内積なのでスカラー量である。したがって、$P'^\mu \theta'_\mu = P^\mu \theta_\mu$、$F'^\mu \theta'_\mu = F^\mu \theta_\mu$ である。また、τ はスカラーなので、式 (3) は x' 系では以下のようになる。

$$\frac{d}{d\tau'}(P'^\mu \theta'_\mu) = (F'^\mu \theta'_\mu) \tag{4}$$

これが式 (2) と同じになることを示そう。左辺の微分は次のようになる。

$$\frac{d}{d\tau'}(P'^\mu \theta'_\mu) = \frac{dP'^\mu}{d\tau'}\theta'_\mu + P'^\mu \frac{d\theta'_\mu}{d\tau'}$$

今度は、θ'_μ の微分は 0 になるとは限らない。なぜなら、θ'_μ は θ_μ と次の関係にあり、一般に座標の関数となっているからである。

$$\theta'_\mu = \frac{\partial x^\nu}{\partial x'^\mu}\theta_\nu$$

したがって θ'_μ の微分は次のようになる。

$$\begin{aligned}\frac{d\theta'_\mu}{d\tau'} &= \frac{d}{d\tau'}\left(\frac{\partial x^\nu}{\partial x'^\mu}\theta_\nu\right) = \frac{d}{d\tau'}\left(\frac{\partial x^\nu}{\partial x'^\mu}\right)\theta_\nu + \frac{\partial x^\nu}{\partial x'^\mu}\frac{d\theta_\nu}{d\tau'} = \frac{d}{d\tau'}\left(\frac{\partial x^\nu}{\partial x'^\mu}\right)\theta_\nu \\ &= \frac{dx'^\lambda}{d\tau'}\frac{\partial}{\partial x'^\lambda}\left(\frac{\partial x^\nu}{\partial x'^\mu}\right)\theta_\nu = \frac{1}{m}P'^\lambda \frac{\partial}{\partial x'^\lambda}\left(\frac{\partial x^\nu}{\partial x'^\mu}\right)\theta_\nu = \frac{1}{m}P'^\lambda \left(\frac{\partial^2 x^\nu}{\partial x'^\lambda \partial x'^\mu}\right)\theta_\nu \\ &= \frac{1}{m}P'^\lambda \left(\frac{\partial^2 x^\nu}{\partial x'^\lambda \partial x'^\mu}\right)\frac{\partial x'^\rho}{\partial x^\nu}\theta'_\rho\end{aligned}$$

この最後の変形は、θ_ν を θ'_ρ で表したものを使っている。したがって

$$\frac{d}{d\tau'}(P'^\mu \theta'_\mu) = \frac{dP'^\mu}{d\tau'}\theta'_\mu + \frac{1}{m}P'^\mu P'^\lambda \left(\frac{\partial^2 x^\nu}{\partial x'^\lambda \partial x'^\mu}\right)\frac{\partial x'^\rho}{\partial x^\nu}\theta'_\rho$$

右辺第 2 項の μ、ρ は和を取っている添字なので、ρ を μ で置き換え、μ を ρ で置き換える。

$$\frac{d}{d\tau'}(P'^\mu \theta'_\mu) = \frac{dP'^\mu}{d\tau'}\theta'_\mu + \frac{1}{m}P'^\rho P'^\lambda \left(\frac{\partial^2 x^\nu}{\partial x'^\lambda \partial x'^\rho}\right)\frac{\partial x'^\mu}{\partial x^\nu}\theta'_\mu$$

これから式 (4) は次のようになる。

$$\frac{dP'^\mu}{d\tau'}\theta'_\mu = F'^\mu \theta'_\mu - \frac{1}{m}P'^\rho P'^\lambda \left(\frac{\partial^2 x^\nu}{\partial x'^\lambda \partial x'^\rho}\right)\frac{\partial x'^\mu}{\partial x^\nu}\theta'_\mu$$

したがって、

$$\frac{dP'^\mu}{d\tau'} = F'^\mu - \frac{1}{m}\left(\frac{\partial^2 x^\nu}{\partial x'^\lambda \partial x'^\rho}\right)\frac{\partial x'^\mu}{\partial x^\nu}P'^\rho P'^\lambda \tag{5}$$

次に、式 (5) の右辺の第 2 項が式 (2) の右辺の第 2 項になることを示そう。式 (2) の第 2 項の $\Gamma^\mu_{\rho\lambda}$ は次のものである。

$$\Gamma^\mu_{\rho\lambda} = \frac{1}{2}g^{\mu\nu}(\partial_\rho g_{\nu\lambda} + \partial_\lambda g_{\rho\nu} - \partial_\nu g_{\rho\lambda})$$

$g_{\mu\nu}$ は x' 系での計量テンソルであり、標準座標系での計量テンソル $\eta_{\mu\nu}$ と次の関係にある。

$$g_{\mu\nu} = \frac{\partial x^\lambda}{\partial x'^\mu}\frac{\partial x^\rho}{\partial x'^\nu}\eta_{\lambda\rho}$$

なお、$\eta_{\mu\nu}$ は以下のものであり、空白には 0 が入る。

$$\eta_{\mu\nu} = \begin{pmatrix} 1 & & & \\ & -1 & & \\ & & -1 & \\ & & & -1 \end{pmatrix}$$

また、$g^{\rho\nu}$ 及び $\eta^{\zeta\xi}$ は次のとおりである。

$$g^{\rho\nu} = \frac{\partial x'^\rho}{\partial x^\zeta}\frac{\partial x'^\nu}{\partial x^\xi}\eta^{\zeta\xi}, \quad \eta^{\zeta\xi} = \begin{pmatrix} 1 & & & \\ & -1 & & \\ & & -1 & \\ & & & -1 \end{pmatrix}$$

計量テンソルの微分を計算すると次のようになる。

$$\partial_\rho g_{\nu\lambda} = \partial_\rho \left(\frac{\partial x^\alpha}{\partial x'^\nu} \frac{\partial x^\beta}{\partial x'^\lambda} \eta_{\alpha\beta} \right) = \left(\frac{\partial^2 x^\alpha}{\partial x'^\rho \partial x'^\nu} \frac{\partial x^\beta}{\partial x'^\lambda} + \frac{\partial x^\alpha}{\partial x'^\nu} \frac{\partial^2 x^\beta}{\partial x'^\rho \partial x'^\lambda} \right) \eta_{\alpha\beta}$$

$$\partial_\lambda g_{\rho\nu} = \partial_\lambda \left(\frac{\partial x^\alpha}{\partial x'^\rho} \frac{\partial x^\beta}{\partial x'^\nu} \eta_{\alpha\beta} \right) = \left(\frac{\partial^2 x^\alpha}{\partial x'^\lambda \partial x'^\rho} \frac{\partial x^\beta}{\partial x'^\nu} + \frac{\partial x^\alpha}{\partial x'^\rho} \frac{\partial^2 x^\beta}{\partial x'^\lambda \partial x'^\nu} \right) \eta_{\alpha\beta}$$

$$\partial_\nu g_{\rho\lambda} = \partial_\nu \left(\frac{\partial x^\alpha}{\partial x'^\rho} \frac{\partial x^\beta}{\partial x'^\lambda} \eta_{\alpha\beta} \right) = \left(\frac{\partial^2 x^\alpha}{\partial x'^\nu \partial x'^\rho} \frac{\partial x^\beta}{\partial x'^\lambda} + \frac{\partial x^\alpha}{\partial x'^\rho} \frac{\partial^2 x^\beta}{\partial x'^\nu \partial x'^\lambda} \right) \eta_{\alpha\beta}$$

したがって

$$\partial_\rho g_{\nu\lambda} + \partial_\lambda g_{\rho\nu} - \partial_\nu g_{\rho\lambda}$$
$$= \left(\frac{\partial^2 x^\alpha}{\partial x'^\rho \partial x'^\nu} \frac{\partial x^\beta}{\partial x'^\lambda} + \frac{\partial x^\alpha}{\partial x'^\nu} \frac{\partial^2 x^\beta}{\partial x'^\rho \partial x'^\lambda} \right) \eta_{\alpha\beta}$$
$$+ \left(\frac{\partial^2 x^\alpha}{\partial x'^\lambda \partial x'^\rho} \frac{\partial x^\beta}{\partial x'^\nu} + \frac{\partial x^\alpha}{\partial x'^\rho} \frac{\partial^2 x^\beta}{\partial x'^\lambda \partial x'^\nu} \right) \eta_{\alpha\beta}$$
$$- \left(\frac{\partial^2 x^\alpha}{\partial x'^\nu \partial x'^\rho} \frac{\partial x^\beta}{\partial x'^\lambda} + \frac{\partial x^\alpha}{\partial x'^\rho} \frac{\partial^2 x^\beta}{\partial x'^\nu \partial x'^\lambda} \right) \eta_{\alpha\beta}$$
$$= \left(\frac{\partial x^\alpha}{\partial x'^\nu} \frac{\partial^2 x^\beta}{\partial x'^\rho \partial x'^\lambda} + \frac{\partial^2 x^\alpha}{\partial x'^\lambda \partial x'^\rho} \frac{\partial x^\beta}{\partial x'^\nu} \right) \eta_{\alpha\beta}$$

α、β は和を取っている添字なので、第 2 項の α、β を入れ替えて、さらに $\eta_{\alpha\beta}$ が α、β で対称であることを使うと、第 2 項は第 1 項と同じであることが分かる。したがって、

$$\Gamma^\mu_{\rho\lambda} = g^{\mu\nu} \frac{\partial x^\alpha}{\partial x'^\nu} \frac{\partial^2 x^\beta}{\partial x'^\rho \partial x'^\lambda} \eta_{\alpha\beta}$$

$g^{\mu\nu}$ に $\eta^{\zeta\xi}$ との関係式を使うと、

$$\Gamma^\mu_{\rho\lambda} = \frac{\partial x'^\mu}{\partial x^\zeta} \frac{\partial x'^\nu}{\partial x^\xi} \eta^{\zeta\xi} \frac{\partial x^\alpha}{\partial x'^\nu} \frac{\partial^2 x^\beta}{\partial x'^\rho \partial x'^\lambda} \eta_{\alpha\beta}$$
$$= \frac{\partial x'^\mu}{\partial x^\zeta} \delta^\alpha_\xi \eta^{\zeta\xi} \frac{\partial^2 x^\beta}{\partial x'^\rho \partial x'^\lambda} \eta_{\alpha\beta} = \frac{\partial x'^\mu}{\partial x^\zeta} \eta^{\zeta\alpha} \frac{\partial^2 x^\beta}{\partial x'^\rho \partial x'^\lambda} \eta_{\alpha\beta}$$
$$= \frac{\partial x'^\mu}{\partial x^\zeta} \frac{\partial^2 x^\beta}{\partial x'^\rho \partial x'^\lambda} \delta^\zeta_\beta = \frac{\partial x'^\mu}{\partial x^\zeta} \frac{\partial^2 x^\zeta}{\partial x'^\rho \partial x'^\lambda} = \frac{\partial^2 x^\zeta}{\partial x'^\rho \partial x'^\lambda} \frac{\partial x'^\mu}{\partial x^\zeta}$$

今考えている座標系は x' 系なので、エネルギー運動量ベクトルは P'^μ と書かれなければならない。また、上で求めた $\Gamma^\mu_{\rho\lambda}$ も $\Gamma'^\mu_{\rho\lambda}$ となり、F^μ も F'^μ となる。すると式 (2) は、

$$\frac{dP'^\mu}{d\tau} = F'^\mu - \frac{1}{m} \Gamma'^\mu_{\rho\lambda} P'^\rho P'^\lambda$$

したがって式 (2) は次のようになる。

$$\frac{dP'^\mu}{d\tau} = F'^\mu - \frac{1}{m} \left(\frac{\partial^2 x^\zeta}{\partial x'^\rho \partial x'^\lambda} \frac{\partial x'^\mu}{\partial x^\zeta} \right) P'^\rho P'^\lambda$$

これは式 (5) と同じものである。

このように、一般座標変換に対して不変な運動方程式は、式 (3) のように書けることが分かる。式 (3) は、運動量や力といったベクトルを、基準となるベクトルとの関係としてとらえている、とみなすことができる。運動量と基準ベクトルとの関係は、座標変換によって変わらないので、座標変換に対して不変な運動方程式となる。

ここで、確認のため、エネルギー運動量ベクトルの定義と変換性を見ておこう。エネルギー運動量ベクトルは次の式で定義される。

$$P^\mu = m\frac{dx^\mu}{d\tau}$$

x' 系では、次のようになる。

$$P'^\mu = m\frac{dx'^\mu}{d\tau'}$$

P^μ と P'^μ の関係は次のようになる。

$$P'^\mu = m\frac{dx'^\mu}{d\tau'} = m\frac{dx'^\mu}{d\tau} = m\frac{\partial x'^\mu}{\partial x^\nu}\frac{dx^\nu}{d\tau} = \frac{\partial x'^\mu}{\partial x^\nu}m\frac{dx^\nu}{d\tau} = \frac{\partial x'^\mu}{\partial x^\nu}P^\nu$$

したがって、

$$P'^\mu = \frac{\partial x'^\mu}{\partial x^\nu}P^\nu \tag{6}$$

このように、エネルギー運動量ベクトルがベクトルとして変換することが改めて確認される。なお、例として、極座標系でのエネルギー運動量ベクトルを記載しておく。

$$P^r = m\frac{dr}{d\tau}, \quad P^\theta = m\frac{d\theta}{d\tau}, \quad P^\phi = m\frac{d\phi}{d\tau}$$

これらは直交座標系のエネルギー運動量ベクトル $P^x = m\dfrac{dx}{d\tau}$, $P^y = m\dfrac{dy}{d\tau}$, $P^z = m\dfrac{dz}{d\tau}$ と式 (6) の関係にある。

3 　γ 行列を基準ベクトルとした場合

これまでは、基準ベクトルに特別な条件を付けていなかったが、ここからは、ある規則を設けるものとして、その基準ベクトルを γ_μ と書くことにする。γ_μ は以下の条件を満足するものとする。

$$\begin{cases} (\gamma_0)^2 = 1, \quad (\gamma_1)^2 = -1, \quad (\gamma_2)^2 = -1, \quad (\gamma_3)^2 = -1, \\ \gamma_\mu \gamma_\nu = -\gamma_\nu \gamma_\mu \quad (\mu \neq \nu) \end{cases} \tag{7}$$

上記の条件は、Dirac 方程式で使われる γ 行列と同じ性質のものである。そこで、γ_μ を Dirac の γ 行列と呼ぶことにする。行列という名称は使うが、ここでは具体的な行列の形を設定しない。γ_μ を規定しているのは、式 (7) の掛け算の規則のみである。

さて、基準ベクトルにこのような規則を設けることで、どのような利点があるだろうか。簡単に言えば、自分自身との内積を 2 乗の形で書ける、という点にある。ある反変ベクトル A^μ と γ_μ の内積をとり、それの 2 乗を計算してみよう。

$$\begin{aligned}
(A^\mu \gamma_\mu)^2 &= \left(A^0 \gamma_0 + A^1 \gamma_1 + A^2 \gamma_2 + A^3 \gamma_3\right)^2 \\
&= \left(A^0 \gamma_0 + A^1 \gamma_1 + A^2 \gamma_2 + A^3 \gamma_3\right)\left(A^0 \gamma_0 + A^1 \gamma_1 + A^2 \gamma_2 + A^3 \gamma_3\right) \\
&= A^0 \gamma_0 A^0 \gamma_0 + A^0 \gamma_0 A^1 \gamma_1 + A^0 \gamma_0 A^2 \gamma_2 + A^0 \gamma_0 A^3 \gamma_3 \\
&\quad + A^1 \gamma_1 A^0 \gamma_0 + A^1 \gamma_1 A^1 \gamma_1 + A^1 \gamma_1 A^2 \gamma_2 + A^1 \gamma_1 A^3 \gamma_3 \\
&\quad + A^2 \gamma_2 A^0 \gamma_0 + A^2 \gamma_2 A^1 \gamma_1 + A^2 \gamma_2 A^2 \gamma_2 + A^2 \gamma_2 A^3 \gamma_3 \\
&\quad + A^3 \gamma_3 A^0 \gamma_0 + A^3 \gamma_3 A^1 \gamma_1 + A^3 \gamma_3 A^2 \gamma_2 + A^3 \gamma_3 A^3 \gamma_3 \\
&= (A^0)^2 (\gamma_0)^2 + (A^1)^2 (\gamma_1)^2 + (A^2)^2 (\gamma_2)^2 + (A^3)^2 (\gamma_3)^2 \\
&\quad + A^0 A^1 (\gamma_0 \gamma_1 + \gamma_1 \gamma_0) + A^0 A^2 (\gamma_0 \gamma_2 + \gamma_2 \gamma_0) + A^0 A^3 (\gamma_0 \gamma_3 + \gamma_3 \gamma_0) \\
&\quad + A^1 A^2 (\gamma_1 \gamma_2 + \gamma_2 \gamma_1) + A^1 A^3 (\gamma_1 \gamma_3 + \gamma_3 \gamma_1) + A^2 A^3 (\gamma_2 \gamma_3 + \gamma_3 \gamma_2) \\
&= \left(A^0\right)^2 - \left(A^1\right)^2 - \left(A^2\right)^2 - \left(A^3\right)^2 = A^\mu A_\mu
\end{aligned}$$

したがって、$(A^\mu \gamma_\mu)^2 = A^\mu A_\mu$。このように、$A^\mu$ の自分自身との内積を 2 乗の形で書くことができる。

ここで、A^μ としてエネルギー運動量ベクトル P^μ を考えると、$P^\mu P_\mu = (mc)^2$ であるから、$(P^\mu \gamma_\mu)^2 = (mc)^2$ が成り立つ。これから、

$$(P^\mu \gamma_\mu)^2 - (mc)^2 = 0$$

さらに、

$$(P^\mu \gamma_\mu + mc)(P^\mu \gamma_\mu - mc) = 0$$

又は、

$$(P^\mu \gamma_\mu - mc)(P^\mu \gamma_\mu + mc) = 0$$

が成り立つ。

これらを固有値方程式として解くことを考えると、

$$(P^\mu \gamma_\mu + mc)(P^\mu \gamma_\mu - mc)\psi = 0$$

及び、

$$(P^\mu \gamma_\mu - mc)(P^\mu \gamma_\mu + mc)\psi = 0$$

となるが、それぞれ、2つ目の括弧だけで 0 になればよいから、

$$(P^\mu \gamma_\mu - mc)\psi = 0 \tag{8}$$

及び、

$$(P^\mu \gamma_\mu + mc)\psi = 0 \tag{9}$$

を解けばよい。これらを量子化すると、Dirac 方程式となる。

次に、$(A^\mu \gamma_\mu)(B^\nu \gamma_\nu)$ を計算しよう。

$$\begin{aligned}
&(A^\mu \gamma_\mu)(B^\nu \gamma_\nu) \\
&= \left(A^0 \gamma_0 + A^1 \gamma_1 + A^2 \gamma_2 + A^3 \gamma_3\right)\left(B^0 \gamma_0 + B^1 \gamma_1 + B^2 \gamma_2 + B^3 \gamma_3\right) \\
&= A^0 \gamma_0 B^0 \gamma_0 + A^0 \gamma_0 B^1 \gamma_1 + A^0 \gamma_0 B^2 \gamma_2 + A^0 \gamma_0 B^3 \gamma_3 \\
&\quad + A^1 \gamma_1 B^0 \gamma_0 + A^1 \gamma_1 B^1 \gamma_1 + A^1 \gamma_1 B^2 \gamma_2 + A^1 \gamma_1 B^3 \gamma_3 \\
&\quad + A^2 \gamma_2 B^0 \gamma_0 + A^2 \gamma_2 B^1 \gamma_1 + A^2 \gamma_2 B^2 \gamma_2 + A^2 \gamma_2 B^3 \gamma_3 \\
&\quad + A^3 \gamma_3 B^0 \gamma_0 + A^3 \gamma_3 B^1 \gamma_1 + A^3 \gamma_3 B^2 \gamma_2 + A^3 \gamma_3 B^3 \gamma_3 \\
&= A^0 B^0 - A^1 B^1 - A^2 B^2 - A^3 B^3 \\
&\quad + \left(A^0 B^1 - A^1 B^0\right)\gamma_0\gamma_1 + \left(A^0 B^2 - A^2 B^0\right)\gamma_0\gamma_2 + \left(A^0 B^3 - A^3 B^0\right)\gamma_0\gamma_3 \\
&\quad + \left(A^1 B^2 - A^2 B^1\right)\gamma_1\gamma_2 + \left(A^1 B^3 - A^3 B^1\right)\gamma_1\gamma_3 + \left(A^2 B^3 - A^3 B^2\right)\gamma_2\gamma_3
\end{aligned} \tag{10}$$

これの 1 行目の式は、A^μ と B^ν の内積 $(A^\mu B_\mu)$ になっている。ここで、この式で A^μ と B^ν を入れ替えてみよう。つまり、$(B^\nu \gamma_\nu)(A^\mu \gamma_\mu)$ を計算するのだが、直ちに分かるように、1 行目が A^μ と B^ν の内積になっているのは同じで、それ以降の $\gamma_\mu \gamma_\nu$ ($\mu \neq \nu$) の項は、$(A^\mu \gamma_\mu)(B^\nu \gamma_\nu)$ の時と符号が反対になっている。ということは、$(A^\mu \gamma_\mu)(B^\nu \gamma_\nu)$ と $(B^\nu \gamma_\nu)(A^\mu \gamma_\mu)$ を足し合わせると、$\gamma_\mu \gamma_\nu$ ($\mu \neq \nu$) の項は打ち消しあって 0 になる。つまり、

$$(A^\mu \gamma_\mu)(B^\nu \gamma_\nu) + (B^\nu \gamma_\nu)(A^\mu \gamma_\mu) = 2(A^\mu B_\mu)$$

したがって、

$$A^\mu B_\mu = \frac{1}{2}\left\{(A^\mu \gamma_\mu)(B^\nu \gamma_\nu) + (B^\nu \gamma_\nu)(A^\mu \gamma_\mu)\right\} \tag{11}$$

ここで次の量を定義する。

$$\eta_{\mu\nu} = \frac{1}{2}(\gamma_\mu \gamma_\nu + \gamma_\nu \gamma_\mu) \tag{12}$$

そうすると、

$$A^\mu B^\nu \eta_{\mu\nu} = A^\mu B_\mu \tag{13}$$

となるので、$\eta_{\mu\nu}$ は計量テンソルとなっていることが分かる。

なお、上付きの計量テンソル $\eta^{\rho\mu}$ は、次のように定義する。

$$\eta^{\rho\mu} = \begin{pmatrix} 1 & & & \\ & -1 & & \\ & & -1 & \\ & & & -1 \end{pmatrix}$$

この $\eta^{\rho\mu}$ は、式 (12) で定義した $\eta_{\mu\nu}$ との間に次の関係が成り立つ。

$$\eta^{\rho\mu}\eta_{\mu\nu} = \delta^{\rho}_{\nu}$$

実際に計算すれば、これが成り立つことが確認できる。

例えば、$\rho = 0, \nu = 0$ では、

$$\eta^{0\mu}\eta_{\mu 0} = \frac{1}{2}\eta^{0\mu}(\gamma_\mu\gamma_0 + \gamma_0\gamma_\mu) = \frac{1}{2}\eta^{00}(\gamma_0\gamma_0 + \gamma_0\gamma_0) = 1$$

$\rho = 0, \nu = 1$ では、

$$\eta^{0\mu}\eta_{\mu 1} = \frac{1}{2}\eta^{0\mu}(\gamma_\mu\gamma_1 + \gamma_1\gamma_\mu) = \frac{1}{2}\eta^{00}(\gamma_0\gamma_1 + \gamma_1\gamma_0) = 0$$

以下、同様に確認できる。

さて、今度は 2 つの γ を使った 2 階の反対称テンソル $N_{\mu\nu}$ を定義する。

$$N_{\mu\nu} = \frac{1}{2}(\gamma_\mu\gamma_\nu - \gamma_\nu\gamma_\mu) \tag{14}$$

$\mu \neq \nu$ であれば、γ_μ と γ_ν は反可換（$\gamma_\mu\gamma_\nu = -\gamma_\nu\gamma_\mu$ のこと）なので、

$$N_{\mu\nu} = \gamma_\mu\gamma_\nu \quad (\mu \neq \nu), \quad N_{\mu\mu} = 0$$

である。

さらに、この $N_{\mu\nu}$ の特定の成分に特別な記号を割り当てる。

$$\begin{cases} N_{0k} = \Lambda_k \quad (k = 1, 2, 3) \\ N_{23} = -i\Sigma_1, \quad N_{31} = -i\Sigma_2, \quad N_{12} = -i\Sigma_3 \end{cases} \tag{15}$$

i は虚数単位である。

この関係は、電磁場テンソルと、電場、磁場の関係とよく似ている。Λ_k、Σ_k は、3 次元空間内での座標変換では、3 次元ベクトルとして振る舞う。式 (15) を分かりやすく書くならば、

$$\begin{cases} \Sigma_1 = i\gamma_2\gamma_3, \quad \Sigma_2 = i\gamma_3\gamma_1, \quad \Sigma_3 = i\gamma_1\gamma_2, \\ \Lambda_1 = \gamma_0\gamma_1, \quad \Lambda_2 = \gamma_0\gamma_2, \quad \Lambda_3 = \gamma_0\gamma_3. \end{cases} \tag{16}$$

これを式 (10) に当てはめてみよう。

$$(A^\mu \gamma_\mu)(B^\nu \gamma_\nu)$$
$$= (A^\mu B_\mu) + (A^0 B^1 - A^1 B^0)\Lambda_1 + (A^0 B^2 - A^2 B^0)\Lambda_2 + (A^0 B^3 - A^3 B^0)\Lambda_3$$
$$- i(A^1 B^2 - A^2 B^1)\Sigma_3 - i(A^3 B^1 - A^1 B^3)\Sigma_2 - i(A^2 B^3 - A^3 B^2)\Sigma_1$$

この式で、例えば Σ_3 に掛かっている $(A^1 B^2 - A^2 B^1)$ という量は、A^μ, B^ν の空間成分のベクトル積になっている。つまり、

$$(A^1 B^2 - A^2 B^1) = (\vec{A} \times \vec{B}) \text{ の } z \text{ 成分}$$

である。そうすると式 (10) は、次のように書くことができる。

$$(A^\mu \gamma_\mu)(B^\nu \gamma_\nu) = (A^\mu B_\mu) + (A^0 B^k - A^k B^0)\Lambda_k - i(\vec{A} \times \vec{B})_k \Sigma_k$$

ここで、k は 1 から 3 まで和を取る。

さて、Σ_k は、以下の式を満たす。

$$(\Sigma_1)^2 = (i\gamma_2 \gamma_3)^2 = i^2 \gamma_2 \gamma_3 \gamma_2 \gamma_3 = -\gamma_2 \gamma_3 \gamma_2 \gamma_3 = -\gamma_2(-\gamma_2 \gamma_3)\gamma_3$$
$$= \gamma_2 \gamma_2 \gamma_3 \gamma_3 = (\gamma_2)^2 (\gamma_3)^2 = (-1)(-1) = 1$$

同様に、$(\Sigma_2)^2 = 1$, $(\Sigma_3)^2 = 1$

次に、$\Sigma_1 \Sigma_2$ を計算しよう。

$$\Sigma_1 \Sigma_2 = (i\gamma_2 \gamma_3)(i\gamma_3 \gamma_1) = i^2 \gamma_2 \gamma_3 \gamma_3 \gamma_1 = -\gamma_2 (\gamma_3)^2 \gamma_1 = -\gamma_2(-1)\gamma_1$$
$$= \gamma_2 \gamma_1 = -\gamma_1 \gamma_2 = i^2 \gamma_1 \gamma_2 = i(i\gamma_1 \gamma_2) = i\Sigma_3$$

また、

$$\Sigma_2 \Sigma_1 = (i\gamma_3 \gamma_1)(i\gamma_2 \gamma_3) = i^2 \gamma_3 \gamma_1 \gamma_2 \gamma_3 = -\gamma_1 \gamma_2 (\gamma_3)^2 = \gamma_1 \gamma_2 = -\Sigma_1 \Sigma_2$$

したがって、

$$\Sigma_1 \Sigma_2 = -\Sigma_2 \Sigma_1 = i\Sigma_3$$

同様に、

$$\Sigma_2 \Sigma_3 = -\Sigma_3 \Sigma_2 = i\Sigma_1, \quad \Sigma_3 \Sigma_1 = -\Sigma_1 \Sigma_3 = i\Sigma_2$$

まとめて書くと、

$$[\Sigma_i, \Sigma_j] = 2i\epsilon_{ijk}\Sigma_k \tag{17}$$

k は 1 から 3 まで和を取る。ここで、$[\Sigma_i, \Sigma_j] = \Sigma_i \Sigma_j - \Sigma_j \Sigma_i$、

$$\epsilon_{ijk} = \begin{cases} 1 & (i, j, k) = (1, 2, 3),\ (2, 3, 1),\ (3, 1, 2) \\ -1 & (i, j, k) = (1, 3, 2),\ (3, 2, 1),\ (2, 1, 3) \\ 0 & (\text{上記以外}) \end{cases}$$

式 (17) は、Σ_i が SU(2) の生成元となっていることを示している[*1]。後で Λ_i, Σ_i を使った座標変換について取り扱うことにする。Λ_i どうしの関係や Λ_i と Σ_i の関係は、全て式 (7) から求めることができる。

4 　γ_μ の一般座標変換

次に、γ_μ を一般座標変換した γ'_μ を考えよう。式 (7) に相当するものが γ'_μ でどうなるのか確認する。

γ_μ は共変ベクトルなので、次のように変換する。

$$\gamma'_\mu = \frac{\partial x^\nu}{\partial x'^\mu} \gamma_\nu$$

これを使って、$\gamma'_\mu \gamma'_\nu$ を計算する。

$$\gamma'_\mu \gamma'_\nu = \frac{\partial x^\lambda}{\partial x'^\mu} \gamma_\lambda \frac{\partial x^\sigma}{\partial x'^\nu} \gamma_\sigma = \frac{\partial x^\lambda}{\partial x'^\mu} \frac{\partial x^\sigma}{\partial x'^\nu} \gamma_\lambda \gamma_\sigma$$

ここで、式 (12) から、$\gamma_\lambda \gamma_\sigma = 2\eta_{\lambda\sigma} - \gamma_\sigma \gamma_\lambda$ なので、

$$\begin{aligned}\gamma'_\mu \gamma'_\nu &= \frac{\partial x^\lambda}{\partial x'^\mu} \frac{\partial x^\sigma}{\partial x'^\nu} (2\eta_{\lambda\sigma} - \gamma_\sigma \gamma_\lambda) \\ &= 2\frac{\partial x^\lambda}{\partial x'^\mu} \frac{\partial x^\sigma}{\partial x'^\nu} \eta_{\lambda\sigma} - \frac{\partial x^\lambda}{\partial x'^\mu} \frac{\partial x^\sigma}{\partial x'^\nu} \gamma_\sigma \gamma_\lambda \\ &= 2 g'_{\mu\nu} - \gamma'_\nu \gamma'_\mu\end{aligned}$$

したがって、

$$\gamma'_\mu \gamma'_\nu + \gamma'_\nu \gamma'_\mu = 2 g'_{\mu\nu} \tag{18}$$

これは、式 (12) を x' 系で表したものになる。ここから式 (7) に相当する式を求めると、次のようになる。

$$\begin{cases} (\gamma'_0)^2 = g'_{00}, \quad (\gamma'_1)^2 = g'_{11}, \quad (\gamma'_2)^2 = g'_{22}, \quad (\gamma'_3)^2 = g'_{33}, \\ \gamma'_\mu \gamma'_\nu = -\gamma'_\nu \gamma'_\mu + 2 g'_{\mu\nu} \quad (\mu \neq \nu) \end{cases} \tag{19}$$

また、エネルギー運動量ベクトル P'^μ の自分自身との内積は、

$$\begin{aligned} P'^\mu P'_\mu &= P'^\mu P'^\nu g'_{\mu\nu} = P'^\mu P'^\nu \frac{1}{2} \gamma'_\mu \gamma'_\nu + \gamma'_\nu \gamma'_\mu \\ &= \frac{1}{2} \left(P'^\mu \gamma'_\mu P'^\nu \gamma'_\nu + P'^\nu \gamma'_\nu P'^\mu \gamma'_\mu \right) = \left(P'^\mu \gamma'_\mu \right) \left(P'^\nu \gamma'_\nu \right) = \left(P'^\mu \gamma'_\mu \right)^2 \end{aligned}$$

[*1] SU(2) は、2 次の特殊ユニタリ群のこと。詳しいことが知りたい人は、量子力学やリー群をまじめに勉強すること。

したがって、
$$\left(P'^{\mu}\gamma'_{\mu}\right)^2 = P'^{\mu}P'_{\mu} \tag{20}$$

$P'^{\mu}P'_{\mu}$ はスカラー量で、その値は $(mc)^2$ であるから、
$$\left(P'^{\mu}\gamma'_{\mu}\right)^2 = (mc)^2$$

式 (8)、式 (9) と同じように計算を進めていけば、
$$\left(P'^{\mu}\gamma'_{\mu} - mc\right)\psi = 0 \tag{21}$$

及び、
$$\left(P'^{\mu}\gamma'_{\mu} + mc\right)\psi = 0 \tag{22}$$

となる。$P^{\mu}\gamma_{\mu}$ はベクトルの内積なので、一般座標変換に対してスカラーである。つまり、$P^{\mu}\gamma_{\mu} = P'^{\mu}\gamma'_{\mu}$ が成り立つので、式の形は変わらない。ただし、ここまでの議論では量子化していないことに注意しなければならない。量子化すると、式 (20) が成り立たなくなるからである。その理由は後で述べることにする。

γ_{μ} の一般座標変換の具体例として、極座標系での γ'_{μ}、及び加速度系での γ'_{μ} を付録 1 及び 2 に示す。

5 演算子を使った座標変換

5.1 演算子による座標変換

ここでは、次のような座標変換を考える。
$$\gamma'_{\mu} = U^{-1}\gamma_{\mu}U \tag{23}$$

U は、γ_{μ} に作用する演算子で、γ_{μ} の積の和から作られるものである。このような座標変換を考えるということは、
$$U^{-1}\gamma_{\mu}U = \frac{\partial x^{\nu}}{\partial x'^{\mu}}\gamma_{\nu}$$

となる U を見つけるということである。このような座標変換を考える利点は、式 (8)、式 (9) のような固有値方程式で、座標変換後の解 ψ' が $U\psi$ で得られる、という点にある。具体的には次のようなことである。式 (8) が成り立っているとすると、
$$\left(P^{\mu}\gamma_{\mu} - mc\right)\psi = 0$$

これを x' 系で見ると、
$$\left(P'^\mu \gamma'_\mu - mc\right)\psi = 0$$

これに式 (23) を入れると、
$$\left(P'^\mu U^{-1}\gamma_\mu U - mc\right)\psi = 0$$

P'^μ と U^{-1} が可換であるならば、
$$U^{-1}\left(P'^\mu \gamma_\mu - mc\right)U\psi = 0$$

したがって
$$\left(P'^\mu \gamma_\mu - mc\right)U\psi = 0$$

ここで、$\psi' = U\psi$ とおくと、
$$\left(P'^\mu \gamma_\mu - mc\right)\psi' = 0$$

これは、エネルギー運動量ベクトルが P'^μ の時の固有値方程式である。この解 ψ' は、ψ に U を作用させれば得られる。

5.2 座標回転の演算子

次に、具体的な U を求めることにしよう。計算が簡単なものとして、変換を受ける座標軸が 2 つのものを考えよう。初めに、x-y 平面の回転を考える。

$$\begin{cases} x' = x\cos\theta + y\sin\theta \\ y' = -x\sin\theta + y\cos\theta \end{cases} \tag{24}$$

θ は、x 軸から反時計周りに正とする。

この場合、γ_μ は次のように変換する。

$$\begin{cases} \gamma'_1 = \cos\theta\,\gamma_1 + \sin\theta\,\gamma_2 \\ \gamma'_2 = -\sin\theta\,\gamma_1 + \cos\theta\,\gamma_2 \\ \gamma'_3 = \gamma_3 \\ \gamma'_0 = \gamma_0 \end{cases} \tag{25}$$

$\gamma'_3 = \gamma_3$ 及び $\gamma'_0 = \gamma_0$ なので、γ_3 と γ_0 は U と可換でなければならない。すなわち、
$$\gamma'_3 = U^{-1}\gamma_3 U = U^{-1}U\gamma_3 = \gamma_3$$

となるものでなければならない。γ_0 も同様である。これは、U は、γ_3 と γ_0 の両方と可換な量のみで構成されていることを意味している。最も簡単な形は、
$$U = a + b\Sigma_3$$

である。$\Sigma_3 = i\gamma_1\gamma_2$ なので、γ_3 と γ_0 の両方に可換である。

U^{-1} は $U^{-1}U = 1$ とならなければならないので、Σ_3 の 1 次の項は打ち消しあうような形でなければならない。そうすると、

$$U^{-1} = \alpha - \beta\Sigma_3$$

という形をしているものと予想される。これで $U^{-1}U$ を計算してみると、

$$U^{-1}U = (\alpha - \beta\Sigma_3)(a + b\Sigma_3) = a\alpha + b\alpha\Sigma_3 - a\beta\Sigma_3 - b\beta(\Sigma_3)^2$$
$$= (a\alpha - b\beta) + (b\alpha - a\beta)\Sigma_3$$

これから、

$$\begin{cases} a\alpha - b\beta = 1, \\ b\alpha - a\beta = 0 \end{cases}$$

であればよい。これを解くと、

$$\alpha = \frac{a}{a^2 - b^2}, \quad \beta = \frac{b}{a^2 - b^2}$$

したがって

$$U^{-1} = \frac{1}{a^2 - b^2}(a - b\Sigma_3)$$

この U を使って、γ_1 は次のように変換される。

$$\gamma_1' = \frac{1}{a^2 - b^2}(a - b\Sigma_3)\gamma_1(a + b\Sigma_3)$$

γ_1 と Σ_3 は反可換なので、

$$\gamma_1' = \frac{1}{a^2 - b^2}(a - b\Sigma_3)(a - b\Sigma_3)\gamma_1 = \frac{1}{a^2 - b^2}(a - b\Sigma_3)^2\gamma_1$$
$$= \frac{1}{a^2 - b^2}\{a^2 - 2ab\Sigma_3 + b^2(\Sigma_3)^2\}\gamma_1 = \frac{1}{a^2 - b^2}(a^2 + b^2 - 2ab\Sigma_3)\gamma_1$$
$$= \frac{a^2 + b^2}{a^2 - b^2}\gamma_1 - \frac{2ab}{a^2 - b^2}\Sigma_3\gamma_1$$

$\Sigma_3\gamma_1 = i\gamma_2$ なので、

$$= \frac{a^2 + b^2}{a^2 - b^2}\gamma_1 - \frac{2iab}{a^2 - b^2}\gamma_2$$

これが式 (25) の γ_1' に等しいので、

$$\frac{a^2 + b^2}{a^2 - b^2} = \cos\theta, \quad -\frac{2iab}{a^2 - b^2} = \sin\theta$$

これから a, b を求めると、

$$a = \cos\frac{\theta}{2}, \quad b = i\sin\frac{\theta}{2}$$

したがって U 及び U^{-1} は、

$$U = \cos\frac{\theta}{2} + i\sin\frac{\theta}{2}\Sigma_3, \quad U^{-1} = \cos\frac{\theta}{2} - i\sin\frac{\theta}{2}\Sigma_3$$

これを γ_2 に作用させてみよう。

$$\gamma_2' = U^{-1}\gamma_2 U = \left(\cos\frac{\theta}{2} - i\sin\frac{\theta}{2}\Sigma_3\right)\gamma_2\left(\cos\frac{\theta}{2} + i\sin\frac{\theta}{2}\Sigma_3\right)$$

γ_2 と Σ_3 は反可換なので、

$$\gamma_2' = \left(\cos\frac{\theta}{2} - i\sin\frac{\theta}{2}\Sigma_3\right)^2 \gamma_2 = \left(\cos^2\frac{\theta}{2} - \sin^2\frac{\theta}{2}\Sigma_3^2 - 2i\sin\frac{\theta}{2}\cos\frac{\theta}{2}\Sigma_3\right)\gamma_2$$

$$= \left(\cos^2\frac{\theta}{2} - \sin^2\frac{\theta}{2} - 2i\sin\frac{\theta}{2}\cos\frac{\theta}{2}\Sigma_3\right)\gamma_2$$

$$= (\cos\theta - i\sin\theta\,\Sigma_3)\gamma_2 = \cos\theta\,\gamma_2 - i\sin\theta\,\Sigma_3\gamma_2 = \cos\theta\,\gamma_2 - i\sin\theta\,i\gamma_1\gamma_2\gamma_2$$

$$= \cos\theta\,\gamma_2 - \sin\theta\,\gamma_1$$

これは式 (25) の γ_2' と同じである。つまり、この U を使って、x-y 平面の回転の座標変換ができることが分かる。

ちなみに、この U は、指数関数を使って次のように書き表すことができる。

$$U = e^{(i\theta/2)\Sigma_3}$$

実際に計算してみると、

$$e^{(i\theta/2)\Sigma_3} = 1 + i\frac{\theta}{2}\Sigma_3 + \frac{1}{2!}\left(i\frac{\theta}{2}\Sigma_3\right)^2 + \frac{1}{3!}\left(i\frac{\theta}{2}\Sigma_3\right)^3 + \frac{1}{4!}\left(i\frac{\theta}{2}\Sigma_3\right)^4 + \cdots$$

$$= 1 + \frac{\theta}{2}i\Sigma_3 - \frac{1}{2!}\left(\frac{\theta}{2}\right)^2 - \frac{1}{3!}\left(\frac{\theta}{2}\right)^3 i\Sigma_3 + \frac{1}{4!}\left(\frac{\theta}{2}\right)^4 + \cdots$$

$$= \left\{1 - \frac{1}{2!}\left(\frac{\theta}{2}\right)^2 + \frac{1}{4!}\left(\frac{\theta}{2}\right)^4 + \cdots\right\} + \left\{\frac{\theta}{2} - \frac{1}{3!}\left(\frac{\theta}{2}\right)^3 + \cdots\right\}i\Sigma_3$$

$$= \cos\frac{\theta}{2} + i\sin\frac{\theta}{2}\Sigma_3$$

となる。

5.3 ローレンツ変換の演算子

次に、ローレンツ変換を考える。x 軸の正の方向に速度 v で進んでいる座標系 x' 系への座標変換式は次の通りである。

$$\begin{cases} w' = \dfrac{-(v/c)x + w}{\sqrt{1-(v/c)^2}} \\ x' = \dfrac{x - (v/c)w}{\sqrt{1-(v/c)^2}} \end{cases} \tag{26}$$

ここで $w = ct$ である。パラメータ v は、単純な足し算が成り立たないので、次のパラメータ u を使う。

$$\cosh u = \frac{1}{\sqrt{1-(v/c)^2}}, \quad \sinh u = \frac{v/c}{\sqrt{1-(v/c)^2}} \tag{27}$$

これを使うと式 (26) は

$$\begin{cases} w' = w\cosh u - x\sinh u \\ x' = -w\sinh u + x\cosh u \end{cases} \tag{28}$$

そうすると、γ_μ は次のように変換する。

$$\begin{cases} \gamma'_0 = \cosh u\,\gamma_0 + \sinh u\,\gamma_1 \\ \gamma'_1 = \sinh u\,\gamma_0 + \cosh u\,\gamma_1 \\ \gamma'_2 = \gamma_2 \\ \gamma'_3 = \gamma_3 \end{cases} \tag{29}$$

今度は、γ_2, γ_3 が変わらないから、γ_2, γ_3 と可換なものとして、$\Lambda_1 = \gamma_0\gamma_1$ を使う。前と同様に U として、

$$U = a + b\Lambda_1$$

とおき、U^{-1} を求めると、

$$U^{-1} = \frac{1}{a^2 - b^2}(a - b\Lambda_1)$$

この U を使って、γ_0 は次のように変換される。

$$\gamma'_0 = \frac{1}{a^2 - b^2}(a - b\Lambda_1)\gamma_0(a + b\Lambda_1)$$

γ_0 と Λ_1 は反可換なので、

$$\gamma'_0 = \frac{1}{a^2-b^2}(a-b\Lambda_1)^2\gamma_0 = \frac{1}{a^2-b^2}(a^2 + b^2 - 2ab\Lambda_1)\gamma_0$$
$$= \frac{a^2+b^2}{a^2-b^2}\gamma_0 - \frac{2ab}{a^2-b^2}\Lambda_1\gamma_0$$

$\Lambda_1 \gamma_0 = -\gamma_1$ なので、

$$= \frac{a^2 + b^2}{a^2 - b^2} \gamma_0 + \frac{2ab}{a^2 - b^2} \gamma_1$$

これが式 (29) の γ_0' に等しいとおくと、

$$\frac{a^2 + b^2}{a^2 - b^2} = \cosh u, \quad \frac{2ab}{a^2 - b^2} = \sinh u$$

これから a, b を求めると、

$$a = \cosh \frac{u}{2}, \quad b = \sinh \frac{u}{2}$$

したがって U 及び U^{-1} は、

$$U = \cosh \frac{u}{2} + \sinh \frac{u}{2} \Lambda_1, \quad U^{-1} = \cosh \frac{u}{2} - \sinh \frac{u}{2} \Lambda_1$$

これが γ_1' でも成り立つことを確認しよう。

$$\gamma_1' = U^{-1} \gamma_1 U = \left(\cosh \frac{u}{2} - \sinh \frac{u}{2} \Lambda_1 \right) \gamma_1 \left(\cosh \frac{u}{2} + \sinh \frac{u}{2} \Lambda_1 \right)$$

γ_1 と Λ_1 は反可換なので、

$$\gamma_2' = \left(\cosh \frac{u}{2} - \sinh \frac{u}{2} \Lambda_1 \right)^2 \gamma_1 = \left(\cosh^2 \frac{u}{2} + \sinh^2 \frac{u}{2} - 2 \sinh \frac{u}{2} \cosh \frac{u}{2} \Lambda_1 \right) \gamma_1$$
$$= \left(\cosh u - \sinh u\, \Lambda_1 \right) \gamma_1 = \cosh u\, \gamma_1 - \sinh u\, \Lambda_1 \gamma_1$$
$$= \cosh u\, \gamma_1 + \sinh u\, \gamma_0$$

これは式 (29) の γ_1' と同じである。つまり、この U を使って、ローレンツ変換を行うことができる。

これも指数関数を使って表すことができる。

$$U = \cosh \frac{u}{2} + \sinh \frac{u}{2} \Lambda_1 = e^{(u/2)\Lambda_1}$$

6 固有関数と座標変換

6.1 回転演算子の場合

U は γ_μ を座標変換させる演算子であるが、先に述べたように、固有関数 ψ を変換する演算子でもある。U が ψ に作用するとどうなるのかを見てみよう。

初めに、回転の座標変換を考える。

$$\psi' = U\psi = \left(\cos \frac{\theta}{2} + i \sin \frac{\theta}{2} \Sigma_3 \right) \psi = \cos \frac{\theta}{2} \psi + i \sin \frac{\theta}{2} \Sigma_3 \psi$$

この式の意味するところは、座標変換後の ψ' は、ψ と $\Sigma_3\psi$ の重ね合わせの状態になっているということである。そこで、$\Sigma_3\psi$ は何なのかを調べよう。式 (8) に立ち戻って考えてみる。式 (8) に左から Σ_3 を作用させる。

$$\Sigma_3 \left(P^\mu \gamma_\mu - mc \right) \psi = 0$$

ここで、Σ_3 と γ_μ は、$\mu = 0, 3$ が可換で、$\mu = 1, 2$ が反可換である。すなわち、

$$\Sigma_3 \gamma_0 = \gamma_0 \Sigma_3, \quad \Sigma_3 \gamma_1 = -\gamma_1 \Sigma_3, \quad \Sigma_3 \gamma_2 = -\gamma_2 \Sigma_3, \quad \Sigma_3 \gamma_3 = \gamma_3 \Sigma_3$$

となるので、Σ_3 を右側に移動させると、

$$\left(P^0 \gamma_0 \Sigma_3 - P^1 \gamma_1 \Sigma_3 - P^2 \gamma_2 \Sigma_3 + P^3 \gamma_3 \Sigma_3 - mc\Sigma_3 \right) \psi = 0$$

したがって、

$$\left(P^0 \gamma_0 - P^1 \gamma_1 - P^2 \gamma_2 + P^3 \gamma_3 - mc \right) \Sigma_3 \psi = 0$$

これを次のように括弧でくくって書いてみると

$$\left\{ P^0 \gamma_0 + (-P^1)\gamma_1 + (-P^2)\gamma_2 + P^3 \gamma_3 - mc \right\} (\Sigma_3 \psi) = 0$$

この式は、エネルギー運動量ベクトルが $(P^0, -P^1, -P^2, P^3)$ となっている状態の固有関数が $\Sigma_3\psi$ となっていることを意味している。x 方向と y 方向の運動量だけがマイナスになっていることから、この状態は、z 軸の周りに 180 度回転した状態である。つまり、$\Sigma_3\psi$ というのは、ψ を z 軸の周りに 180 度回転した状態である。

粒子の進行方向を z 軸に取った場合は、運動量の x, y 成分が 0 なので、$\Sigma_3\psi$ と ψ は、エネルギーと運動量は全く同じ状態になる。そうすると $\Sigma_3\psi$ と ψ は位相の違いだけとなる。もう 1 度 Σ_3 を作用させると元に戻ることから、$\Sigma_3\psi$ と ψ は符号だけの違いとなる。つまり、

$$\Sigma_3 \psi = \psi \quad 又は \quad \Sigma_3 \psi = -\psi$$

が成り立つ。すなわち、Σ_3 の固有値は、$+1$ 及び -1 の 2 つである。

これは、ψ には、Σ_3 を作用させると、プラスになる状態とマイナスになる状態の 2 つの状態があるということを意味する。エネルギー運動量は同じなので、この違いは内部自由度になる。これは量子力学ではスピンと呼ばれているものである。

結局、座標変換後の ψ' は、ψ と、ψ を 180 度回転した状態の重ね合わせの状態になっているということになる。

6.2 ローレンツ変換の場合

次に、ローレンツ変換を考えよう。x 軸の正の方向に速度 v で進んでいる座標系 x' 系への座標変換で、ψ は次のように変換する（v と u の関係は式 (27) を参照のこと）。

$$\psi' = U\psi = \left(\cosh\frac{u}{2} + \sinh\frac{u}{2}\Lambda_1\right)\psi = \cosh\frac{u}{2}\psi + \sinh\frac{u}{2}\Lambda_1\psi$$

回転変換の時と同様、$\Lambda_1\psi$ が何かを調べよう。式 (8) に左から Λ_1 を作用させると、Λ_1 と γ_μ は、$\mu = 1, 2$ が可換で、$\mu = 0, 1$ が反可換なので、

$$(-P^0\gamma_0 - P^1\gamma_1 + P^2\gamma_2 + P^3\gamma_3 - mc)\Lambda_1\psi = 0$$

これを次のように括弧でくくって書いてみると

$$\{(-P^0)\gamma_0 + (-P^1)\gamma_1 + P^2\gamma_2 + P^3\gamma_3 - mc\}(\Lambda_1\psi) = 0 \tag{30}$$

この式は、エネルギー運動量ベクトルが $(-P^0, -P^1, P^2, P^3)$ となっている状態の固有関数が $\Lambda_1\psi$ となっていることを意味している。x' 系での固有関数 ψ' は、ψ と $\Lambda_1\psi$ との重ね合わせなので、運動量の x 成分を見ると、P^1 の状態と $-P^1$ の状態が重ね合わさって、P'^1 となっていると解釈される。それに対応して、エネルギーも P^0 と $-P^0$ の重ね合わせとなっている。とはいえ、現実問題として考えると、エネルギーがマイナスという粒子は考えにくい。そこで式 (30) に戻って、全体にマイナスを掛けてみよう。そうすると、

$$\{P^0\gamma_0 + P^1\gamma_1 - P^2\gamma_2 - P^3\gamma_3 + mc\}(\Lambda_1\psi) = 0 \tag{31}$$

となる。今度はエネルギーが正である。ただし、この式は式 (8) ではなく、式 (9) の形をしている。mc の前が + になっているのである。つまり、$\Lambda_1\psi$ というものは、式 (9) で P^2 と P^3 を反対符号にした式の固有関数になっているということである。もし、P^2 と P^3 が 0 なら（つまり、粒子が x 軸方向に進んでいるなら）、同じエネルギー運動量の状態に、式 (8) を満たす状態と、式 (9) を満たす状態の 2 つの状態が存在することになる。そして、式 (8) の固有関数が ψ ならば、式 (9) の固有関数は $\Lambda_1\psi$ になる。式 (9) を満たす固有関数は、場の量子論では、反粒子を表すとみなされている。

7 Dirac 方程式

7.1 量子化の規則

まず、量子化の規則を相対性理論の形式に合うように整理しておこう。

一般的な量子力学の教科書では、量子化の規則は次のように表される。
$$[x, P_x] = i\hbar, \ [y, P_y] = i\hbar, \ [z, P_z] = i\hbar, \ [t, E] = -i\hbar \tag{32}$$

相対性理論の形式に合わせるためには、共変ベクトルか反変ベクトルかを明確にしなければならない。P_i は、座標 x^i での微分演算子になるので、共変ベクトル（下付き）でなければならない。まずは、微分演算子と座標の交換関係を求めよう。
$$\begin{aligned}\left[\frac{\partial}{\partial x^\mu}, x^\nu\right]\psi &= \frac{\partial}{\partial x^\mu}(x^\nu \psi) - x^\nu \frac{\partial}{\partial x^\mu}\psi = \frac{\partial x^\nu}{\partial x^\mu}\psi + x^\nu \frac{\partial}{\partial x^\mu}\psi - x^\nu \frac{\partial}{\partial x^\mu}\psi \\ &= \delta^\nu_\mu \psi\end{aligned}$$

したがって、
$$\left[\frac{\partial}{\partial x^\mu}, x^\nu\right] = \delta^\nu_\mu \tag{33}$$

運動量演算子 P_μ を次のようにおく。
$$P_\mu = i\hbar \frac{\partial}{\partial x^\mu}$$

そうすると運動量と座標の交換関係は、
$$[P_\mu, x^\nu] = i\hbar \delta^\nu_\mu$$

計量テンソル $\eta^{\rho\mu}$ を使って P_μ を上付きにすると、
$$[\eta^{\rho\mu} P_\mu, x^\nu] = i\hbar \eta^{\rho\mu} \delta^\nu_\mu$$

したがって、
$$[P^\rho, x^\nu] = i\hbar \eta^{\rho\nu} \tag{34}$$

式 (34) と式 (32) は、x と P_x の順序を逆に書いてあるが、同じ内容である。

ついでに、x^ν の代わりに、座標の関数 $f(x^\nu)$ との交換関係も求めておこう。式 (33) を求めたやり方と同様にすると、
$$[P^\rho, f] = i\hbar \eta^{\rho\mu}\left[\frac{\partial}{\partial x^\mu}, f\right] = i\hbar \eta^{\rho\mu}\frac{\partial f}{\partial x^\mu} \tag{35}$$

次に、座標変換後の交換関係について調べよう。すなわち、P'^μ と x'^ν との交換関係である。
$$P'^\mu = \frac{\partial x'^\mu}{\partial x^\lambda} P^\lambda \tag{36}$$

19

なので、

$$[P'^\mu, x'^\nu] = \left[\frac{\partial x'^\mu}{\partial x^\lambda}P^\lambda, x'^\nu\right] = \frac{\partial x'^\mu}{\partial x^\lambda}[P^\lambda, x'^\nu] + \left[\frac{\partial x'^\mu}{\partial x^\lambda}, x'^\nu\right]P^\lambda = \frac{\partial x'^\mu}{\partial x^\lambda}[P^\lambda, x'^\nu]$$

x'^ν は x^ρ の関数なので、式 (35) を適用して、

$$\frac{\partial x'^\mu}{\partial x^\lambda}[P^\lambda, x'^\nu] = \frac{\partial x'^\mu}{\partial x^\lambda}i\hbar\eta^{\lambda\rho}\frac{\partial x'^\nu}{\partial x^\rho} = i\hbar\frac{\partial x'^\mu}{\partial x^\lambda}\frac{\partial x'^\nu}{\partial x^\rho}\eta^{\lambda\rho} = i\hbar g'^{\mu\nu}$$

したがって、

$$[P'^\mu, x'^\nu] = i\hbar g'^{\mu\nu} \tag{37}$$

式 (37) が成り立つためには、運動量演算子は次のような置き換えを行うことになる。

$$P'^\mu \to i\hbar g'^{\mu\nu}\frac{\partial}{\partial x'^\nu}$$

この置き換えを使うと、P'^μ と $f(x'^\nu)$ の交換関係は次のようになる。

$$[P'^\mu, f] = \left[i\hbar g'^{\mu\nu}\frac{\partial}{\partial x'^\nu}, f\right] = i\hbar g'^{\mu\nu}\left[\frac{\partial}{\partial x'^\nu}, f\right] = i\hbar g'^{\mu\nu}\frac{\partial f}{\partial x'^\nu} \tag{38}$$

さて、式 (38) の f として P'^ν を考えると、P'^ν は x' の関数を含むので、P'^μ と P'^ν は可換ではない可能性がある。同様に、P'^μ と γ'_ν も一般には可換ではない。第 4 章の「γ_μ の一般座標変換」の最後で、それまでの議論では量子化していないことに注意しなければならないと述べたが、その理由は、P'^μ と P'^ν、P'^μ と γ'_ν が可換ではないことにある。このため、式 (20) が成り立たなくなるのである。

7.2　自由粒子の振舞い

ここでは、式 (8) で与えられる固有値方程式を量子化した場合について考える。式 (8) は、自由粒子が 1 個ある場合の、相対論的なエネルギー運動量ベクトルの内積から得られた固有値方程式なので、これを量子化すると、1 個の自由粒子の相対論的量子力学的振舞いを記述するものとなる。

量子化の規則は式 (34) で与えられる。この条件を課しても、式 (8) の形は変わらない。したがって、扱う固有値方程式は次のとおりである。なお、ここでは、式 (8) の方のみを扱うこととし、式 (9) の方は取り扱わない。

$$(P^\mu \gamma_\mu - mc)\psi = 0 \tag{39}$$

これが Dirac 方程式となる。

この粒子の振舞いを調べるために、いくつかの物理量の時間変化を求める。物理量 A の時間変化は、ハミルトニアン H を使って、次の式で与えられる。

$$\frac{dA}{dt} = \frac{1}{i\hbar}[A, H] \tag{40}$$

そこでまず、H を求めよう。そのため、式 (39) に左から $c\gamma_0$ を掛ける。

$$c\gamma_0 \left(P^0\gamma_0 + P^1\gamma_1 + P^2\gamma_2 + P^3\gamma_3 - mc\right)\psi = 0$$

$$\left(cP^0\gamma_0\gamma_0 + cP^1\gamma_0\gamma_1 + cP^2\gamma_0\gamma_2 + cP^3\gamma_0\gamma_3 - mc^2\gamma_0\right)\psi = 0$$

ここで、$(\gamma_0)^2 = 1$、$\gamma_0\gamma_1 = \Lambda_1$、$\gamma_0\gamma_2 = \Lambda_2$、$\gamma_0\gamma_3 = \Lambda_3$ 及び、$cP^0 = E$ を使うと、

$$\left(E + cP^1\Lambda_1 + cP^2\Lambda_2 + cP^3\Lambda_3 - mc^2\gamma_0\right)\psi = 0$$

したがって、

$$E\psi = \left(-cP^1\Lambda_1 - cP^2\Lambda_2 - cP^3\Lambda_3 + mc^2\gamma_0\right)\psi$$

ここで、

$$H = -cP^1\Lambda_1 - cP^2\Lambda_2 - cP^3\Lambda_3 + mc^2\gamma_0 \tag{41}$$

とおけば、

$$E\psi = H\psi$$

となり、$E = H$ という式の固有値方程式となるので、この H が求めるハミルトニアンとなる。

まず、粒子の運動量 P^1 の時間変化を求めよう。式 (40) から

$$\frac{dP^1}{dt} = \frac{1}{i\hbar}\left[P^1, H\right]$$

であるが、P^1 は H の中の全てと交換するので、右辺は 0 である。したがって、$\frac{dP^1}{dt} = 0$ である。これは自由粒子であることから当然の結果である。

次に、粒子の x 座標 (x^1) の時間変化、すなわち、x 方向の速度を求めよう。

$$\frac{dx^1}{dt} = \frac{1}{i\hbar}\left[x^1, H\right]$$

x^1 と H の交換関係を計算すると、以下となる。

$$\begin{aligned}[x^1, H] &= [x^1, -cP^1\Lambda_1 - cP^2\Lambda_2 - cP^3\Lambda_3 + mc^2\gamma_0] \\ &= [x^1, -cP^1\Lambda_1] = -c[x^1, P^1]\Lambda_1 = c[P^1, x^1]\Lambda_1 = ci\hbar^{11}\Lambda_1 = -ci\hbar\Lambda_1\end{aligned}$$

したがって、

$$\frac{dx^1}{dt} = -c\Lambda_1 \tag{42}$$

この結果は、粒子の x 方向の速度が $-c\Lambda_1$ であることを示している。Λ_1 は 2 乗すると 1 になることから、その大きさは 1 である。したがって、粒子の速度は光速度 c であることを意味する。この結果は奇妙なものであるが、Dirac が指摘しているように、ここで示した速度は瞬間での速度であり、現実の粒子は、非常に速く振動していると考えられる。つまり、粒子は前後に激しく振動しながら進んでいるため、瞬間で見れば光速度であるが、平均で見れば光速度よりも小さい値となる。Dirac のやり方にならって、そのことを見てみよう。そのため、速度の時間変化を求める。

$$\frac{d\Lambda_1}{dt} = \frac{1}{i\hbar}[\Lambda_1, H] = \Lambda_1 H - H\Lambda_1$$

ここで、Λ_1 は H の中の Λ_1 の項以外は反可換であるから、

$$\begin{aligned}H\Lambda_1 &= (-cP^1\Lambda_1 - cP^2\Lambda_2 - cP^3\Lambda_3 + mc^2\gamma_0)\Lambda_1 \\ &= \Lambda_1(-cP^1\Lambda_1 + cP^2\Lambda_2 + cP^3\Lambda_3 - mc^2\gamma_0) \\ &= \Lambda_1(-2cP^1\Lambda_1 + cP^1\Lambda_1 + cP^2\Lambda_2 + cP^3\Lambda_3 - mc^2\gamma_0) \\ &= \Lambda_1(-2cP^1\Lambda_1 - H) = -2cP^1\Lambda_1^2 - \Lambda_1 H = -2cP^1 - \Lambda_1 H\end{aligned}$$

したがって、$\Lambda_1 H - H\Lambda_1 = \Lambda_1 H - (-2cP^1 - \Lambda_1 H) = 2\Lambda_1 H + 2cP^1$。

したがって、

$$\frac{d\Lambda_1}{dt} = \frac{1}{i\hbar}\left(2\Lambda_1 H + 2cP^1\right) \tag{43}$$

これを時間で微分すると、H 及び P^1 が定数であることから、

$$\frac{d^2\Lambda_1}{dt^2} = \frac{2}{i\hbar}\frac{d\Lambda_1}{dt}H$$

この微分方程式を解くと

$$\frac{d\Lambda_1}{dt} = \dot{\Lambda}_1(0)\,e^{-2iHt/\hbar} \tag{44}$$

ここで $\dot{\Lambda}_1(0)$ は、$t=0$ での $\dfrac{d\Lambda_1}{dt}$ の値である。

式 (43) と式 (44) から

$$\dot{\Lambda}_1(0)\,e^{-2iHt/\hbar} = \frac{1}{i\hbar}\left(2\Lambda_1 H + 2cP^1\right)$$

となるので、これを変形して、

$$2\Lambda_1 H + 2cP^1 = i\hbar\dot{\Lambda}_1(0)\,e^{-2iHt/\hbar}$$

ゆえに、
$$\Lambda_1 = \frac{1}{2} i\hbar \dot{\Lambda}_1(0) e^{-2iHt/\hbar} \frac{1}{H} - cP^1 \frac{1}{H}$$

となる。これを式 (42) に入れると、
$$\frac{dx^1}{dt} = -\frac{1}{2} ci\hbar \dot{\Lambda}_1(0) e^{-2iHt/\hbar} \frac{1}{H} + c^2 P^1 \frac{1}{H} \tag{45}$$

右辺の第 2 項は、一定値で進んでいる速度を表している。粒子の速度が光速度に比べて小さければ、H のオーダーは mc^2 であるから、$c^2/H \approx 1/m$ であり、$c^2 P^1/H \approx P^1/m = v^1$ となる。一方、第 1 項の方は、速度が振動していることを表している。このように、粒子は振動しながら、平均として P^1/m の速度で進んでいると考えられる。

次に、粒子の角運動量の時間変化を求めよう。$L_3 = x^1 P^2 - x^2 P^1$ を使う。

$$\begin{aligned}
\frac{dL_3}{dt} &= \frac{1}{i\hbar} [L_3, H] = \frac{1}{i\hbar} \left[x^1 P^2 - x^2 P^1, -cP^1 \Lambda_1 - cP^2 \Lambda_2 - cP^3 \Lambda_3 + mc^2 \gamma_0 \right] \\
&= \frac{1}{i\hbar} \left[x^1 P^2, -cP^1 \Lambda_1 \right] + \frac{1}{i\hbar} \left[-x^2 P^1, -cP^2 \Lambda_2 \right] \\
&= \frac{1}{i\hbar} (-c) \left[x^1, P^1 \right] P^2 \Lambda_1 + \frac{1}{i\hbar} c \left[x^2, P^2 \right] P^1 \Lambda_2 \\
&= \frac{1}{i\hbar} c \left[P^1, x^1 \right] P^2 \Lambda_1 - \frac{1}{i\hbar} c \left[P^2, x^2 \right] P^1 \Lambda_2 \\
&= \frac{1}{i\hbar} ci\hbar \eta^{11} P^2 \Lambda_1 - \frac{1}{i\hbar} ci\hbar \eta^{22} P^1 \Lambda_2 \\
&= -cP^2 \Lambda_1 + cP^1 \Lambda_2 \tag{46}
\end{aligned}$$

先ほど見たように $-c\Lambda_i$ は粒子の速度であるが、振動していることを考えると、式 (46) の右辺は 0 とは言い難い。むしろ、角運動量は定数ではないと考えた方がよいと思われる。そうすると、何か角運動量以外の量があって、それとの合計が定数となるような物理量があることが考えられる。

そこで、Σ_3 の時間変化を計算してみよう。

$$\begin{aligned}
\frac{d\Sigma_3}{dt} &= \frac{1}{i\hbar} [\Sigma_3, H] = \frac{1}{i\hbar} \left[\Sigma_3, -cP^1 \Lambda_1 - cP^2 \Lambda_2 - cP^3 \Lambda_3 + mc^2 \gamma_0 \right] \\
&= \frac{1}{i\hbar} \left[\Sigma_3, -cP^1 \Lambda_1 - cP^2 \Lambda_2 \right] \\
&= \frac{1}{i\hbar} \left[\Sigma_3, -cP^1 \Lambda_1 \right] + \frac{1}{i\hbar} \left[\Sigma_3, -cP^2 \Lambda_2 \right] \\
&= \frac{1}{i\hbar} (-cP^1) \left[\Sigma_3, \Lambda_1 \right] + \frac{1}{i\hbar} (-cP^2) \left[\Sigma_3, \Lambda_2 \right] \\
&= \frac{1}{i\hbar} (-cP^1) 2i\Lambda_2 + \frac{1}{i\hbar} (-cP^2)(-2i\Lambda_1) \\
&= -c\frac{2}{\hbar} P^1 \Lambda_2 + c\frac{2}{\hbar} P^2 \Lambda_1 = -\frac{2}{\hbar} \left(cP^1 \Lambda_2 - cP^2 \Lambda_1 \right)
\end{aligned}$$

$$= -\frac{2}{\hbar}\frac{dL_3}{dt} \tag{47}$$

これから、

$$\frac{d\Sigma_3}{dt} + \frac{2}{\hbar}\frac{dL_3}{dt} = 0$$

となるので、

$$\frac{d}{dt}\left(L_3 + \frac{1}{2}\hbar\Sigma_3\right) = 0$$

したがって、$L_3 + \frac{1}{2}\hbar\Sigma_3$ が保存量であることが分かる。$\frac{1}{2}\hbar\Sigma_3$ は、角運動量の次元を持つ物理量である。既に見たように、Σ_3 の固有値は $+1$ 及び -1 なので、$\frac{1}{2}\hbar\Sigma_3$ は、$+\frac{1}{2}\hbar$ 及び $-\frac{1}{2}\hbar$ の値を取る。

7.3 電磁相互作用がある場合

電磁相互作用がある場合のハミルトニアンは、

$$P^\mu \to P^\mu - qA^\mu$$

と置き換えて得られる。q は粒子が持つ電荷であり、A^μ は電磁ベクトルポテンシャルである。ここでは $(P^\mu\gamma_\mu)^2 = (mc)^2$ にこの置き換えを行うとどうなるのかを調べてみる。置き換えた後の式は次のようにならなければならない。

$$\{(P^\mu - qA^\mu)\gamma_\mu\}^2 = (mc)^2 \tag{48}$$

この左辺を計算しよう。

$$\begin{aligned}
&\{(P^\mu - qA^\mu)\gamma_\mu\}^2\\
&= \{(P^0 - qA^0)\gamma_0 + (P^1 - qA^1)\gamma_1 + (P^2 - qA^2)\gamma_2 + (P^3 - qA^3)\gamma_3\}^2\\
&= \{(P^0 - qA^0)\gamma_0 + (P^1 - qA^1)\gamma_1 + (P^2 - qA^2)\gamma_2 + (P^3 - qA^3)\gamma_3\}\\
&\quad\ \{(P^0 - qA^0)\gamma_0 + (P^1 - qA^1)\gamma_1 + (P^2 - qA^2)\gamma_2 + (P^3 - qA^3)\gamma_3\}\\
&= (P^0 - qA^0)^2 - (P^1 - qA^1)^2 - (P^2 - qA^2)^2 - (P^3 - qA^3)^2\\
&\quad + (P^0 - qA^0)(P^1 - qA^1)\gamma_0\gamma_1 + (P^1 - qA^1)(P^0 - qA^0)\gamma_1\gamma_0\\
&\quad + (P^0 - qA^0)(P^2 - qA^2)\gamma_0\gamma_2 + (P^2 - qA^2)(P^0 - qA^0)\gamma_2\gamma_0\\
&\quad + (P^0 - qA^0)(P^3 - qA^3)\gamma_0\gamma_3 + (P^3 - qA^3)(P^0 - qA^0)\gamma_3\gamma_0\\
&\quad + (P^1 - qA^1)(P^2 - qA^2)\gamma_1\gamma_2 + (P^2 - qA^2)(P^1 - qA^1)\gamma_2\gamma_1\\
&\quad + (P^1 - qA^1)(P^3 - qA^3)\gamma_1\gamma_3 + (P^3 - qA^3)(P^1 - qA^1)\gamma_3\gamma_1\\
&\quad + (P^2 - qA^2)(P^3 - qA^3)\gamma_2\gamma_3 + (P^3 - qA^3)(P^2 - qA^2)\gamma_3\gamma_2
\end{aligned}$$

$$
\begin{aligned}
&= (P^\mu - qA^\mu)(P_\mu - qA_\mu) \\
&\quad + \left[P^0 - qA^0, P^1 - qA^1\right]\gamma_0\gamma_1 + \left[P^0 - qA^0, P^2 - qA^2\right]\gamma_0\gamma_2 \\
&\quad + \left[P^0 - qA^0, P^3 - qA^3\right]\gamma_0\gamma_3 + \left[P^1 - qA^1, P^2 - qA^2\right]\gamma_1\gamma_2 \\
&\quad + \left[P^3 - qA^3, P^1 - qA^1\right]\gamma_3\gamma_1 + \left[P^2 - qA^2, P^3 - qA^3\right]\gamma_2\gamma_3
\end{aligned}
$$

ところで、$P^\mu - qA^\mu$ と $P^\nu - qA^\nu$ の交換関係を求めると、

$$
\begin{aligned}
&\left[P^\mu - qA^\mu, P^\nu - qA^\nu\right] \\
&= [P^\mu, P^\nu] - q[A^\mu, P^\nu] - q[P^\mu, A^\nu] + (-q)^2[A^\mu, A^\nu] \\
&= -(-q)[P^\nu, A^\mu] - q[P^\mu, A^\nu] \\
&= -(-q)i\hbar\eta^{\nu\rho}\frac{\partial A^\mu}{\partial x^\rho} + (-q)i\hbar\eta^{\mu\rho}\frac{\partial A^\nu}{\partial x^\rho} \\
&= -qi\hbar(\eta^{\mu\rho}\partial_\rho A^\nu - \eta^{\nu\rho}\partial_\rho A^\mu) \\
&= -qi\hbar(\partial^\mu A^\nu - \partial^\nu A^\mu) \\
&= -qi\hbar F^{\mu\nu}
\end{aligned}
$$

ここで、$F^{\mu\nu}$ は電磁場テンソルである。

これを使うと、

$$
\begin{aligned}
&\{(P^\mu - qA^\mu)\gamma_\mu\}^2 \\
&= (P^\mu - qA^\mu)(P_\mu - qA_\mu) \\
&\quad - qi\hbar F^{01}\gamma_0\gamma_1 - qi\hbar F^{02}\gamma_0\gamma_2 - qi\hbar F^{03}\gamma_0\gamma_3 \\
&\quad - qi\hbar F^{12}\gamma_1\gamma_2 - qi\hbar F^{31}\gamma_3\gamma_1 - qi\hbar F^{23}\gamma_2\gamma_3
\end{aligned}
$$

式 (16) の記号を使うと、

$$
\begin{aligned}
&= (P^\mu - qA^\mu)(P_\mu - qA_\mu) \\
&\quad - qi\hbar F^{01}\Lambda_1 - qi\hbar F^{02}\Lambda_2 - qi\hbar F^{03}\Lambda_3 \\
&\quad - qi\hbar F^{12}(-i\Sigma_3) - qi\hbar F^{31}(-i\Sigma_2) - qi\hbar F^{23}(-i\Sigma_1) \\
&= (P^\mu - qA^\mu)(P_\mu - qA_\mu) \\
&\quad - qi\hbar F^{01}\Lambda_1 - qi\hbar F^{02}\Lambda_2 - qi\hbar F^{03}\Lambda_3 \\
&\quad - q\hbar F^{12}\Sigma_3 - q\hbar F^{31}\Sigma_2 - q\hbar F^{23}\Sigma_1
\end{aligned}
$$

ここで、電磁場テンソル $F^{\mu\nu}$ と電場 E^i 及び磁場 B^i との関係式を使う。

$$F^{0i} = -E^i/c, \quad (F^{23}, F^{31}, F^{12}) = (-B^1, -B^2, -B^3).$$

そうすると、

$$
\begin{aligned}
&\{(P^\mu - qA^\mu)\gamma_\mu\}^2 \\
&= (P^\mu - qA^\mu)(P_\mu - qA_\mu) + qi\hbar(E^1/c)\Lambda_1 + qi\hbar(E^2/c)\Lambda_2 + qi\hbar(E^3/c)\Lambda_3 \\
&\quad + q\hbar B^1\Sigma_1 + q\hbar B^2\Sigma_2 + q\hbar B^3\Sigma_3
\end{aligned}
$$

$$= (P^\mu - qA^\mu)(P_\mu - qA_\mu) + qi\hbar(\vec{E}/c \cdot \vec{\Lambda}) + q\hbar(\vec{B} \cdot \vec{\Sigma})$$

したがって、

$$(P^\mu - qA^\mu)(P_\mu - qA_\mu) + qi\hbar(\vec{E}/c \cdot \vec{\Lambda}) + q\hbar(\vec{B} \cdot \vec{\Sigma}) = (mc)^2 \tag{49}$$

この式は、古典力学では、

$$(P^\mu - qA^\mu)(P_\mu - qA_\mu) = (mc)^2$$

となるはずであるが、量子化することによって、余分な項が追加になっている。この余分な項が何なのかを調べてみよう。ただし、余分な項のうち、$qi\hbar(\vec{E}/c \cdot \vec{\Lambda})$ は純虚数の量であり、その物理的な解釈が困難であることから、ここでは検討しない。

まず、式 (49) の中の $(P^\mu - qA^\mu)(P_\mu - qA_\mu)$ の項を、エネルギーと運動量に分けて書くと、

$$(P^\mu - qA^\mu)(P_\mu - qA_\mu) = (P^0 - qA^0)^2 - (\vec{P} - q\vec{A})^2$$

なので、式 (49) は

$$(P^0 - qA^0)^2 - (\vec{P} - q\vec{A})^2 + qi\hbar(\vec{E}/c \cdot \vec{\Lambda}) + q\hbar(\vec{B} \cdot \vec{\Sigma}) = (mc)^2$$

$cP^0 = E$ なので、全体に c^2 を掛ける。

$$(E - qcA^0)^2 - c^2(\vec{P} - q\vec{A})^2 + qic^2\hbar(\vec{E}/c \cdot \vec{\Lambda}) + q\hbar c^2(\vec{B} \cdot \vec{\Sigma}) = (mc^2)^2$$

したがって、

$$(E - qcA^0)^2 = c^2(\vec{P} - q\vec{A})^2 - qic^2\hbar(\vec{E}/c \cdot \vec{\Lambda}) - q\hbar c^2(\vec{B} \cdot \vec{\Sigma}) + (mc^2)^2$$

これから、

$$(E - qcA^0)^2 = (mc^2)^2 \left\{ 1 + \frac{1}{(mc)^2}(\vec{P} - q\vec{A})^2 - qi\hbar\frac{1}{(mc)^2}(\vec{E}/c \cdot \vec{\Lambda}) - q\hbar\frac{1}{(mc)^2}(\vec{B} \cdot \vec{\Sigma}) \right\}$$

よって、

$$E - qcA^0 = mc^2\sqrt{1 + \frac{1}{(mc)^2}(\vec{P} - q\vec{A})^2 - qi\hbar\frac{1}{(mc)^2}(\vec{E}/c \cdot \vec{\Lambda}) - q\hbar\frac{1}{(mc)^2}(\vec{B} \cdot \vec{\Sigma})}$$

粒子の速度が光速度より十分小さい場合を考えると、ルートの中の 1 より後の項は十分小さいとみなせるので、これを近似して、

$$\begin{aligned}
&E - qcA^0 \\
&\approx mc^2\left[1 + \frac{1}{2}\left\{\frac{1}{(mc)^2}(\vec{P}-q\vec{A})^2 - qi\hbar\frac{1}{(mc)^2}(\vec{E}/c\cdot\vec{A}) - q\hbar\frac{1}{(mc)^2}(\vec{B}\cdot\vec{\Sigma})\right\}\right] \\
&= mc^2 + \frac{1}{2m}(\vec{P}-q\vec{A})^2 - i\frac{q\hbar}{2m}(\vec{E}/c\cdot\vec{A}) - \frac{q\hbar}{2m}(\vec{B}\cdot\vec{\Sigma})
\end{aligned} \tag{50}$$

式 (50) の第 4 項は、電荷 q を持つ粒子の磁気モーメント $\dfrac{q\hbar}{2m}\vec{\Sigma}$ と磁場との相互作用から来るポテンシャルエネルギーである。

付録 1. 極座標系での γ_μ

極座標系で γ_μ はどうなるのか調べてみよう。直交座標系から極座標系への座標変換式は以下のとおりである。

$$\begin{cases} x = r\sin\theta\cos\varphi \\ y = r\sin\theta\sin\varphi \\ z = r\cos\theta \end{cases} \tag{51}$$

逆変換は次の通り。

$$\begin{cases} r^2 = x^2 + y^2 + z^2 \\ \tan\varphi = \dfrac{y}{x} \\ \tan\theta = \dfrac{\sqrt{x^2+y^2}}{z} \end{cases} \tag{52}$$

これから、γ'_μ は次のようになる。

$$\begin{cases} \gamma'_0 = \gamma_0 \\ \gamma'_1 = \sin\theta\cos\varphi\,\gamma_1 + \sin\theta\sin\varphi\,\gamma_2 + \cos\theta\,\gamma_3 \\ \gamma'_2 = r\cos\theta\cos\varphi\,\gamma_1 + r\cos\theta\sin\varphi\,\gamma_2 - r\sin\theta\,\gamma_3 \\ \gamma'_3 = -r\sin\theta\sin\varphi\,\gamma_1 + r\sin\theta\cos\varphi\,\gamma_2 \end{cases} \tag{53}$$

これを使って、$\gamma'_\mu \gamma'_\nu$ を計算する。

$$\begin{aligned}
(\gamma'_0)^2 &= (\gamma_0)^2 = 1 \\
(\gamma'_1)^2 &= (\sin\theta\cos\varphi\,\gamma_1 + \sin\theta\sin\varphi\,\gamma_2 + \cos\theta\,\gamma_3)^2 \\
&= \sin^2\theta\cos^2\varphi\,(\gamma_1)^2 + \sin^2\theta\sin^2\varphi\,(\gamma_2)^2 + \cos^2\theta\,(\gamma_3)^2 \\
&\quad + \sin\theta\cos\varphi\sin\theta\sin\varphi\,(\gamma_1\gamma_2 + \gamma_2\gamma_1) \\
&\quad + \sin\theta\cos\varphi\cos\theta\,(\gamma_1\gamma_3 + \gamma_3\gamma_1) + \cos\theta\sin\theta\cos\varphi\,(\gamma_3\gamma_1 + \gamma_1\gamma_3)
\end{aligned}$$

$$
\begin{aligned}
&= -\sin^2\theta\cos^2\varphi - \sin^2\theta\sin^2\varphi - \cos^2\theta + 0 = -\sin^2\theta - \cos^2\theta = -1\\
(\gamma_2')^2 &= (r\cos\theta\cos\varphi\,\gamma_1 + r\cos\theta\sin\varphi\,\gamma_2 - r\sin\theta\,\gamma_3)^2\\
&= r^2\cos^2\theta\cos^2\varphi\,(\gamma_1)^2 + r^2\cos^2\theta\sin^2\varphi\,(\gamma_2)^2 + r^2\sin^2\theta\,(\gamma_3)^2\\
&\quad + r\cos\theta\cos\varphi\,r\cos\theta\sin\varphi\,(\gamma_1\gamma_2+\gamma_2\gamma_1)\\
&\quad - r\cos\theta\sin\varphi\,r\sin\theta\,(\gamma_2\gamma_3+\gamma_3\gamma_2)\\
&\quad - r\sin\theta\,r\cos\theta\cos\varphi\,(\gamma_3\gamma_1+\gamma_1\gamma_3)\\
&= -r^2\cos^2\theta\cos^2\varphi - r^2\cos^2\theta\sin^2\varphi - r^2\sin^2\theta\\
&= -r^2\cos^2\theta - r^2\sin^2\theta = -r^2\\
(\gamma_3')^2 &= (-r\sin\theta\sin\varphi\,\gamma_1 + r\sin\theta\cos\varphi\,\gamma_2)^2\\
&= r^2\sin^2\theta\sin^2\varphi\,(\gamma_1)^2 + r^2\sin^2\theta\cos^2\varphi\,(\gamma_2)^2\\
&\quad - r\sin\theta\sin\varphi\,r\sin\theta\cos\varphi\,(\gamma_1\gamma_2+\gamma_2\gamma_1)\\
&= -r^2\sin^2\theta\sin^2\varphi - r^2\sin^2\theta\cos^2\varphi = -r^2\sin^2\theta\\
\gamma_0'\gamma_1' &= \gamma_0(\sin\theta\cos\varphi\,\gamma_1 + \sin\theta\sin\varphi\,\gamma_2 + \cos\theta\,\gamma_3)\\
&= -(\sin\theta\cos\varphi\,\gamma_1 + \sin\theta\sin\varphi\,\gamma_2 + \cos\theta\,\gamma_3)\gamma_0 = -\gamma_1'\gamma_0'\\
\gamma_1'\gamma_2' &= (\sin\theta\cos\varphi\,\gamma_1 + \sin\theta\sin\varphi\,\gamma_2 + \cos\theta\,\gamma_3)\\
&\qquad (r\cos\theta\cos\varphi\,\gamma_1 + r\cos\theta\sin\varphi\,\gamma_2 - r\sin\theta\,\gamma_3)\\
&= \sin\theta\cos\varphi\,\gamma_1 r\cos\theta\cos\varphi\,\gamma_1 + \sin\theta\cos\varphi\,\gamma_1 r\cos\theta\sin\varphi\,\gamma_2\\
&\quad - \sin\theta\cos\varphi\,\gamma_1 r\sin\theta\,\gamma_3 + \sin\theta\sin\varphi\,\gamma_2 r\cos\theta\cos\varphi\,\gamma_1\\
&\quad + \sin\theta\sin\varphi\,\gamma_2 r\cos\theta\sin\varphi\,\gamma_2 - \sin\theta\sin\varphi\,\gamma_2 r\sin\theta\,\gamma_3\\
&\quad + \cos\theta\,\gamma_3 r\cos\theta\cos\varphi\,\gamma_1 + \cos\theta\,\gamma_3 r\cos\theta\sin\varphi\,\gamma_2\\
&\quad - \cos\theta\,\gamma_3 r\sin\theta\,\gamma_3\\
&= \sin\theta\cos^2\varphi\,r\cos\theta\,(\gamma_1)^2 + \sin\theta\sin^2\varphi\,r\cos\theta\,(\gamma_2)^2\\
&\quad - \cos\theta\,r\sin\theta\,(\gamma_3)^2 + \sin\theta\cos\varphi\,r\cos\theta\sin\varphi\,\gamma_1\gamma_2\\
&\quad - \sin^2\theta\cos\varphi\,r\gamma_1\gamma_3 + \sin\theta\sin\varphi\,r\cos\theta\cos\varphi\,\gamma_2\gamma_1\\
&\quad - \sin^2\theta\sin\varphi\,r\gamma_2\gamma_3 + \cos^2\theta\,r\cos\varphi\,\gamma_3\gamma_1 + \cos^2\theta\,r\sin\varphi\,\gamma_3\gamma_2\\
&= -\sin\theta\cos^2\varphi\,r\cos\theta - \sin\theta\sin^2\varphi\,r\cos\theta + \cos\theta\,r\sin\theta\\
&\quad + \sin\theta\cos\varphi\,r\cos\theta\sin\varphi\,\gamma_1\gamma_2 - \sin^2\theta\cos\varphi\,r\gamma_1\gamma_3\\
&\quad + \sin\theta\sin\varphi\,r\cos\theta\cos\varphi\,\gamma_2\gamma_1 - \sin^2\theta\sin\varphi\,r\gamma_2\gamma_3\\
&\quad + \cos^2\theta\,r\cos\varphi\,\gamma_3\gamma_1 + \cos^2\theta\,r\sin\varphi\,\gamma_3\gamma_2\\
&= -\sin\theta\,r\cos\theta + \cos\theta\,r\sin\theta + \sin\theta\cos\varphi\,r\cos\theta\sin\varphi\,\gamma_1\gamma_2\\
&\quad - \sin\theta\sin\varphi\,r\cos\theta\cos\varphi\,\gamma_1\gamma_2 + \sin^2\theta\cos\varphi\,r\gamma_3\gamma_1\\
&\quad + \cos^2\theta\,r\cos\varphi\,\gamma_3\gamma_1 - \sin^2\theta\sin\varphi\,r\gamma_2\gamma_3 - \cos^2\theta\,r\sin\varphi\,\gamma_2\gamma_3\\
&= r\cos\varphi\,\gamma_3\gamma_1 - r\sin\varphi\,\gamma_2\gamma_3
\end{aligned}
$$

一方、

$$
\begin{aligned}
\gamma_2'\gamma_1' &= (r\cos\theta\cos\varphi\,\gamma_1 + r\cos\theta\sin\varphi\,\gamma_2 - r\sin\theta\,\gamma_3)\\
&\qquad (\sin\theta\cos\varphi\,\gamma_1 + \sin\theta\sin\varphi\,\gamma_2 + \cos\theta\,\gamma_3)
\end{aligned}
$$

$$\begin{aligned}
&= r\cos\theta\cos\varphi\,\gamma_1\sin\theta\cos\varphi\,\gamma_1 + r\cos\theta\cos\varphi\,\gamma_1\sin\theta\sin\varphi\,\gamma_2 \\
&\quad + r\cos\theta\cos\varphi\,\gamma_1\cos\theta\,\gamma_3 + r\cos\theta\sin\varphi\,\gamma_2\sin\theta\cos\varphi\,\gamma_1 \\
&\quad + r\cos\theta\sin\varphi\,\gamma_2\sin\theta\sin\varphi\,\gamma_2 + r\cos\theta\sin\varphi\,\gamma_2\cos\theta\,\gamma_3 \\
&\quad - r\sin\theta\,\gamma_3\sin\theta\cos\varphi\,\gamma_1 - r\sin\theta\,\gamma_3\sin\theta\sin\varphi\,\gamma_2 - r\sin\theta\,\gamma_3\cos\theta\,\gamma_3 \\
&= -r\cos\theta\cos^2\varphi\sin\theta - r\cos\theta\sin^2\varphi\sin\theta + r\sin\theta\cos\theta \\
&\quad + r\cos\theta\cos\varphi\sin\theta\sin\varphi\,\gamma_1\gamma_2 - r\cos\theta\sin\varphi\sin\theta\cos\varphi\,\gamma_1\gamma_2 \\
&\quad - r\cos^2\theta\cos\varphi\,\gamma_3\gamma_1 - r\sin^2\theta\cos\varphi\,\gamma_3\gamma_1 \\
&\quad + r\cos^2\theta\sin\varphi\,\gamma_2\gamma_3 + r\sin^2\theta\sin\varphi\,\gamma_2\gamma_3 \\
&= -r\cos^2\theta\cos\varphi\,\gamma_3\gamma_1 - r\sin^2\theta\cos\varphi\,\gamma_3\gamma_1 \\
&\quad + r\cos^2\theta\sin\varphi\,\gamma_2\gamma_3 + r\sin^2\theta\sin\varphi\,\gamma_2\gamma_3 \\
&= -r\cos\varphi\,\gamma_3\gamma_1 + r\sin\varphi\,\gamma_2\gamma_3
\end{aligned}$$

したがって、$\gamma_1'\gamma_2' = -\gamma_2'\gamma_1'$。

他の組合せも同様に計算すると、$\gamma_\mu'\gamma_\nu' = -\gamma_\nu'\gamma_\mu'$ ($\mu \neq \nu$)。

計量テンソルは以下となっているので

$$g_{\mu\nu}' = \begin{pmatrix} 1 & & & \\ & -1 & & \\ & & -r^2 & \\ & & & -r^2\sin^2\theta \end{pmatrix}$$

極座標系での γ_μ' は次の関係を満たすことが確認できる。

$$\begin{cases} (\gamma_0')^2 = g_{00}', \quad (\gamma_1')^2 = g_{11}', \quad (\gamma_2')^2 = g_{22}', \quad (\gamma_3')^2 = g_{33}' \\ \gamma_\mu'\gamma_\nu' = -\gamma_\nu'\gamma_\mu' \quad (\mu \neq \nu) \end{cases} \tag{54}$$

そうすると極座標系では、以下の式が成り立つ。

$$\left(P'^\mu \gamma_\mu'\right)^2 = \left(P^0\right)^2 - \left(P^r\right)^2 - r^2\left(P^\theta\right)^2 - r^2\sin^2\theta\left(P^\phi\right)^2 = P'^\mu P_\mu' \tag{55}$$

第 7 章の「7.1 量子化の規則」で指摘したように、上記の結果は、P'^μ と P'^ν、P'^μ と γ_ν' が可換である場合に成り立つ。量子化した場合は、これらは一般には可換ではなくなるので、式 (55) は成り立たない。結果のみ示すと、以下のような式となる。

$$\left(\gamma_\mu' P'^\mu\right)^2 = P'^\mu P_\mu' + 2i\hbar\frac{1}{r}P'^1 + i\hbar\frac{\cos\theta}{\sin\theta}P'^2 \tag{56}$$

付録 2. 加速度系での γ_μ

次に、加速度系で γ_μ はどうなるのか調べてみよう。標準座標系 x 系から加速度系 x' 系への座標変換式は以下のとおりである。

$$\begin{cases} \alpha x' = (\alpha x + 1)\cosh(\alpha w) - 1 \\ \alpha w' = (\alpha x + 1)\sinh(\alpha w) \end{cases} \tag{57}$$

逆変換は次の通りである。

$$\begin{cases} (\alpha x + 1)^2 = (\alpha x' + 1)^2 - (\alpha w')^2 \\ \tanh(\alpha w) = \dfrac{\alpha w'}{\alpha x' + 1} \end{cases} \tag{58}$$

標準座標系と加速度系は、座標軸は同じ方向を向いており、加速度系は x 軸方向に加速度 $\mathfrak{g}$ で加速度運動しているものとする。なお、$\alpha = \mathfrak{g}/c^2$ と置いている。

これから、γ'_μ は次のようになる。

$$\begin{cases} \gamma'_0 = (\alpha x + 1)\cosh(\alpha w)\,\gamma_0 + (\alpha x + 1)\sinh(\alpha w)\,\gamma_1 \\ \gamma'_1 = \sinh(\alpha w)\,\gamma_0 + \cosh(\alpha w)\,\gamma_1 \\ \gamma'_2 = \gamma_2 \\ \gamma'_3 = \gamma_3 \end{cases} \tag{59}$$

これを使って、$\gamma'_\mu \gamma'_\nu$ を計算する。

$$\begin{aligned}
(\gamma'_0)^2 &= \{(\alpha x + 1)\cosh(\alpha w)\,\gamma_0 + (\alpha x + 1)\sinh(\alpha w)\,\gamma_1\}^2 \\
&= (\alpha x + 1)^2 \cosh^2(\alpha w)(\gamma_0)^2 + (\alpha x + 1)^2 \sinh^2(\alpha w)(\gamma_1)^2 \\
&\quad + (\alpha x + 1)\cosh(\alpha w)(\alpha x + 1)\sinh(\alpha w)(\gamma_0\gamma_1 + \gamma_1\gamma_0) \\
&= (\alpha x + 1)^2 \cosh^2(\alpha w) - (\alpha x + 1)^2 \sinh^2(\alpha w) = (\alpha x + 1)^2 \\
(\gamma'_1)^2 &= \{\sinh(\alpha w)\,\gamma_0 + \cosh(\alpha w)\,\gamma_1\}^2 \\
&= \sinh^2(\alpha w)(\gamma_0)^2 + \cosh^2(\alpha w)(\gamma_1)^2 + \sinh(\alpha w)\cosh(\alpha w)(\gamma_0\gamma_1 + \gamma_1\gamma_0) \\
&= \sinh^2(\alpha w) - \cosh^2(\alpha w) = -1 \\
\gamma'_0\gamma'_1 &= \{(\alpha x + 1)\cosh(\alpha w)\,\gamma_0 + (\alpha x + 1)\sinh(\alpha w)\,\gamma_1\}\{\sinh(\alpha w)\,\gamma_0 + \cosh(\alpha w)\,\gamma_1\} \\
&= (\alpha x + 1)\cosh(\alpha w)\,\gamma_0\sinh(\alpha w)\,\gamma_0 + (\alpha x + 1)\cosh(\alpha w)\,\gamma_0\cosh(\alpha w)\,\gamma_1 \\
&\quad + (\alpha x + 1)\sinh(\alpha w)\,\gamma_1\sinh(\alpha w)\,\gamma_0 + (\alpha x + 1)\sinh(\alpha w)\,\gamma_1\cosh(\alpha w)\,\gamma_1 \\
&= \sinh(\alpha w)(\alpha x + 1)\cosh(\alpha w)(\gamma_0)^2 + (\alpha x + 1)\cosh^2(\alpha w)\,\gamma_0\gamma_1 \\
&\quad + (\alpha x + 1)\sinh^2(\alpha w)\,\gamma_1\gamma_0 + \cosh(\alpha w)(\alpha x + 1)\sinh(\alpha w)(\gamma_1)^2 \\
&= \sinh(\alpha w)(\alpha x + 1)\cosh(\alpha w) + (\alpha x + 1)\cosh^2(\alpha w)\,\gamma_0\gamma_1 \\
&\quad - (\alpha x + 1)\sinh^2(\alpha w)\,\gamma_0\gamma_1 - \cosh(\alpha w)(\alpha x + 1)\sinh(\alpha w) \\
&= (\alpha x + 1)\,\gamma_0\gamma_1
\end{aligned}$$

一方、

$$\begin{aligned}
\gamma'_1\gamma'_0 &= \{\sinh(\alpha w)\,\gamma_0 + \cosh(\alpha w)\,\gamma_1\}\{(\alpha x + 1)\cosh(\alpha w)\,\gamma_0 + (\alpha x + 1)\sinh(\alpha w)\,\gamma_1\} \\
&= \sinh(\alpha w)\,\gamma_0(\alpha x + 1)\cosh(\alpha w)\,\gamma_0 + \sinh(\alpha w)\,\gamma_0(\alpha x + 1)\sinh(\alpha w)\,\gamma_1 \\
&\quad + \cosh(\alpha w)\,\gamma_1(\alpha x + 1)\cosh(\alpha w)\,\gamma_0 + \cosh(\alpha w)\,\gamma_1(\alpha x + 1)\sinh(\alpha w)\,\gamma_1 \\
&= \sinh(\alpha w)(\alpha x + 1)\cosh(\alpha w) + (\alpha x + 1)\sinh^2(\alpha w)\,\gamma_0\gamma_1 \\
&\quad + (\alpha x + 1)\cosh^2(\alpha w)\,\gamma_1\gamma_0 - \cosh(\alpha w)(\alpha x + 1)\sinh(\alpha w) \\
&= (\alpha x + 1)\sinh^2(\alpha w)\,\gamma_0\gamma_1 - (\alpha x + 1)\cosh^2(\alpha w)\,\gamma_0\gamma_1
\end{aligned}$$

$$= -(\alpha x + 1)\gamma_0\gamma_1$$

したがって、

$$\gamma'_0\gamma'_1 = -\gamma'_1\gamma'_0$$
$$\gamma'_0\gamma'_2 = \{(\alpha x + 1)\cosh(\alpha w)\gamma_0 + (\alpha x + 1)\sinh(\alpha w)\gamma_1\}\gamma_2$$
$$= -\gamma_2\{(\alpha x + 1)\cosh(\alpha w)\gamma_0 + (\alpha x + 1)\sinh(\alpha w)\gamma_1\} = -\gamma'_2\gamma'_0$$

他の組合せも同様に計算すると、$\gamma'_\mu\gamma'_\nu = -\gamma'_\nu\gamma'_\mu$ $(\mu \neq \nu)$。

計量テンソルは以下となっているので

$$g'_{\mu\nu} = \begin{pmatrix} (\alpha x + 1)^2 & & & \\ & -1 & & \\ & & -1 & \\ & & & -1 \end{pmatrix}$$

加速度系での γ'_μ は次の関係を満たすことが確認できる。

$$\begin{cases} (\gamma'_0)^2 = g'_{00}, \quad (\gamma'_1)^2 = g'_{11}, \quad (\gamma'_2)^2 = g'_{22}, \quad (\gamma'_3)^2 = g'_{33}, \\ \gamma'_\mu\gamma'_\nu = -\gamma'_\nu\gamma'_\mu \quad (\mu \neq \nu) \end{cases} \quad (60)$$

付録 3. ローレンツ変換での γ_μ

念のためであるが、ローレンツ変換で γ_μ がどうなるかを見ておこう。γ_μ は式 (29) のように変換するので、これを使って、$\gamma'_\mu\gamma'_\nu$ を計算する。

$$\begin{aligned}
(\gamma'_0)^2 &= (\cosh u\,\gamma_0 + \sinh u\,\gamma_1)(\cosh u\,\gamma_0 + \sinh u\,\gamma_1) \\
&= \cosh^2 u\,(\gamma_0)^2 + \cosh u\,\sinh u\,\gamma_0\gamma_1 + \sinh u\,\cosh u\,\gamma_1\gamma_0 + \sinh^2 u\,(\gamma_1)^2 \\
&= \cosh^2 u + \cosh u\,\sinh u\,\gamma_0\gamma_1 - \sinh u\,\cosh u\,\gamma_0\gamma_1 - \sinh^2 u \\
&= \cosh^2 u - \sinh^2 u = 1 \\
(\gamma'_1)^2 &= (\sinh u\,\gamma_0 + \cosh u\,\gamma_1)(\sinh u\,\gamma_0 + \cosh u\,\gamma_1) \\
&= \sinh^2 u\,(\gamma_0)^2 + \sinh u\,\cosh u\,\gamma_0\gamma_1 + \cosh u\,\sinh u\,\gamma_1\gamma_0 + \cosh^2 u\,(\gamma_1)^2 \\
&= \sinh^2 u + \sinh u\,\cosh u\,\gamma_0\gamma_1 - \cosh u\,\sinh u\,\gamma_0\gamma_1 - \cosh^2 u \\
&= \sinh^2 u - \cosh^2 u = -1 \\
(\gamma'_2)^2 &= (\gamma_2)^2 = -1 \\
(\gamma'_3)^2 &= (\gamma_3)^2 = -1 \\
\gamma'_0\gamma'_1 &= (\cosh u\,\gamma_0 + \sinh u\,\gamma_1)(\sinh u\,\gamma_0 + \cosh u\,\gamma_1) \\
&= \cosh u\,\sinh u(\gamma_0)^2 + \sinh^2 u\,\gamma_1\gamma_0 + \cosh^2 u\,\gamma_0\gamma_1 + \sinh u\,\cosh u(\gamma_1)^2 \\
&= \cosh u\,\sinh u - \sinh^2 u\,\gamma_0\gamma_1 + \cosh^2 u\,\gamma_0\gamma_1 - \sinh u\,\cosh u \\
&= -\sinh^2 u\,\gamma_0\gamma_1 + \cosh^2 u\,\gamma_0\gamma_1 = \gamma_0\gamma_1
\end{aligned}$$

一方、

$$\begin{aligned}
\gamma_1' \gamma_0' &= (\sinh u\, \gamma_0 + \cosh u\, \gamma_1)(\cosh u\, \gamma_0 + \sinh u\, \gamma_1) \\
&= \sinh u \cosh u\, (\gamma_0)^2 + \cosh^2 u\, \gamma_1 \gamma_0 + \sinh^2 u\, \gamma_0 \gamma_1 + \cosh u \sinh u (\gamma_1)^2 \\
&= \sinh u \cosh u + \cosh^2 u\, \gamma_1 \gamma_0 - \sinh^2 u\, \gamma_1 \gamma_0 - \cosh u \sinh u \\
&= \gamma_1 \gamma_0 = -\gamma_0 \gamma_1 = -\gamma_0' \gamma_1'
\end{aligned}$$

なので、

$$\begin{aligned}
\gamma_0' \gamma_1' &= -\gamma_1' \gamma_0' \\
\gamma_0' \gamma_2' &= (\cosh u\, \gamma_0 + \sinh u\, \gamma_1)\gamma_2 = \cosh u\, \gamma_0 \gamma_2 + \sinh u\, \gamma_1 \gamma_2
\end{aligned}$$

一方、

$$\begin{aligned}
\gamma_2' \gamma_0' &= \gamma_2 (\cosh u\, \gamma_0 + \sinh u\, \gamma_1) = \cosh u\, \gamma_2 \gamma_0 + \sinh u\, \gamma_2 \gamma_1 \\
&= -\cosh u\, \gamma_0 \gamma_2 - \sinh u\, \gamma_1 \gamma_2 = -(\cosh u\, \gamma_0 \gamma_2 + \sinh u\, \gamma_1 \gamma_2) = -\gamma_0' \gamma_2'
\end{aligned}$$

なので、$\gamma_2' \gamma_0' = -\gamma_0' \gamma_2'$。

同様に計算を行っていけば、以下の結果を得る。

$$\begin{cases} (\gamma_0')^2 = 1, \quad (\gamma_1')^2 = -1, \quad (\gamma_2')^2 = -1, \quad (\gamma_3')^2 = -1, \\ \gamma_\mu' \gamma_\nu' = -\gamma_\nu' \gamma_\mu' \quad (\mu \neq \nu) \end{cases} \tag{61}$$

これは、式 (7) と全く同じ関係である。

ローレンツ変換後の γ_μ' は、表現が異なるだけで、本質的には式 (7) の γ_μ と同じものである。一方、付録 1、2 で示した一般座標変換後の γ_μ' は注意が必要である。この場合の γ_μ' は座標の関数となっているため、式 (54) や式 (60) を満たす適当な γ_μ' を持ってきただけでは正しいものになるとは限らず、P'^μ との交換関係が正しくなる γ_μ' としなければならない。

Dirac の γ 行列と相対性理論

2016 年 6 月 30 日 初版発行
著　者　　嵐田 源二　(あらしだ げんじ)
編　集　　G. G.
発行者　　星野 香奈　(ほしの かな)
発行所　　同人集合 暗黒通信団　(http://ankokudan.org/)
　　　　　〒277-8691 千葉県柏局私書箱 54 号 D 係
本体価　　300 円 / ISBN978-4-87310-041-8 C0042

間違いはどんどん指摘ください。本書の一部または全部を無断で複写、複製、転載、ファイル化等することは、とりあえず無しの方向で

ⓒCopyright 2016 暗黒通信団　　　　Printed in Japan